台灣自然圖鑑022

觀葉觀果植物圖鑑

Field Guide to Plants

徐曄春 著｜蔡景株 監修

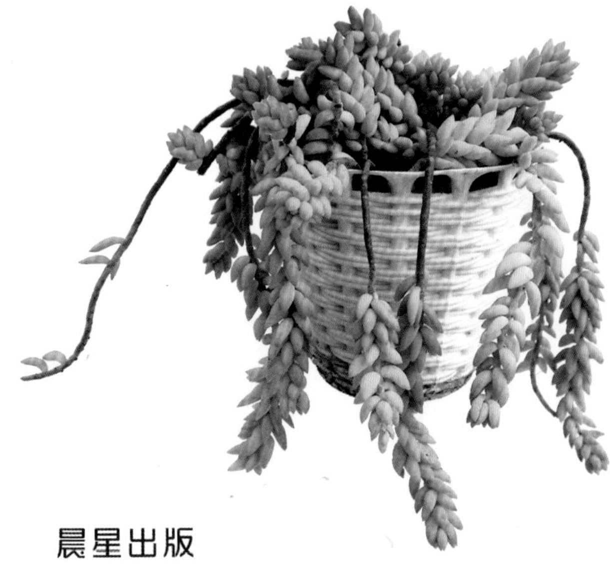

晨星出版

目次
CONTENTS

觀果植物

被子植物

監修序

寶島台灣植物種類豐富，以維管束植物而言，就有4,000多種，其中約有四分之一為台灣原生植物，在三萬六千平方公里的土地上，實屬可貴。

隨著人們生活水平的提升，對環境品質有著更高的期許，而植物在環境上有著許多的功能，如淨化空氣、陶冶性靈、減低噪音、改善微氣候與節能減碳等功能，然而不同植物有著不同的功能，許多植物可依不同功能而有不同的分類型態，如觀葉植物、觀花植物、觀果植物、觀樹型植物、香花植物、誘鳥植物、有刺植物、引蝶植物、食草植物、耐汙染植物、多肉植物、海岸植物、水生植物、紅葉植物等。

本書係原由中國大陸吉林科學技術出版社出版，大陸學者徐曄春所編著「觀葉觀果植物1000種經典圖鑑」，在本次彙整收錄的植物中，有些如朱蕉、巴西鐵樹等植物，原分類為百合科，但台灣分類上一般歸列為龍舌蘭科，在此也一併調整，並依台灣目前現有栽植、培育或引進的植物，加以整理收錄，內容包含植物的中文名稱、學名、科名、屬名、別名、形態特徵、原產地、繁殖方法、植物生長所需日照、溫度、水分與適合栽植之土壤條件等特性加以描述，讓讀者能了解書中所介紹植物之相關專業知識，以利未來栽培與管理。

本書的出版很適合一般民眾閱讀，希望藉由這樣的出版，讓讀者對於觀葉、觀果植物有更多的認識與應用，讓我們生活環境更加美好。

如何使用本書

本書精選424種觀葉觀果植物，詳細介紹其形態特徵、原產地、藥用價值、應用方式及布置建議，並針對各不同特性之物種說明有關栽培、繁殖之技巧，讓您對植物有更深一層的知識，並了解如何運用各種植物特色來妝點居室、生活空間。

刺果番荔枝

Annona muricata

播種　全日照　22~32℃　喜溼潤

科名	番荔枝科Annonaceae	屬名	番荔枝屬
別名	紅毛榴槤、山刺番荔枝		
原產地	熱帶美洲。		
土壤	喜疏鬆、肥沃的微酸性土壤。		

資訊欄

說明該物種的科名、屬名、別名、原產地以便讀者查詢外，並提供有關適合該物種生長的土壤環境，讓您輕鬆掌握栽培要領。

形態特徵

常綠小喬木，株高可達8m。葉紙質，倒卵狀長圓形至橢圓形，頂端急尖或鈍，基部寬楔形或圓形，具光澤。花蕾卵圓形，花淡黃色。果卵圓形，深綠色。

應用

果實外形奇特，具有較高的觀賞性，常用於庭院、公園綠化，單植、列植效果均佳；果實成熟後酸甜，可食用；木材堅硬，可用於造船。

▲果卵圓形，深綠色。

主文

介紹該植物的形態特徵、應用方式，並針對具藥用功能的部分提出解說。

觀果植物　被子植物

側邊索引

將植物分為觀葉、觀果兩大類，再依其特性分為蕨類植物、裸子植物及被子植物為檢索。

花期	1	2	3	4	5	6	7	8	9	10	11	12
果期	1	2	3	4	5	6	7	8	9	10	11	12

294

圖示說明

繁殖

播種

扦插

孢子

塊莖

分球

走莖

分生

分株

胎芽

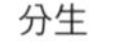

根莖

高壓

塊根

分蘗

嫁接

珠芽

壓條

日照

全日照

半日照

喜陰

鷹爪花

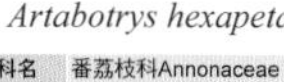

Artabotrys hexapetalus

播種 全日照 20-30℃ 喜溼潤

科名	番荔枝科Annonaceae	屬名	鷹爪花屬
別名	鷹爪蘭、鷹爪、五爪花		
原產地	中國、台灣、越南、泰國、印度。		
土壤	不擇土壤。		

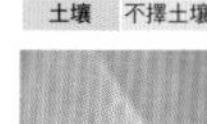

形態特徵

攀緣灌木。葉紙質，互生，全緣，平滑，長圓形或闊披針形。花淡綠色或淡黃色，著生於鉤狀總梗上，花瓣長圓狀披針形，花具芳香。果卵圓形。

應用

盆栽適合置於陽光充足的地方觀賞；花含芳香精油，可提製為化妝品的香精原料；花可用於薰茶。

藥用

根可入藥。

▶花淡綠色或淡黃色。

花期	1	2	3	4	5	6	7	8	9	10	11	12
果期	1	2	3	4	5	6	7	8	9	10	11	12

觀果植物 被子植物

295

開花、結果周期

將該植物的開花、結果時間以色塊標示，讓您一目瞭然。

植物形態介紹

■葉片種類：單葉、複葉

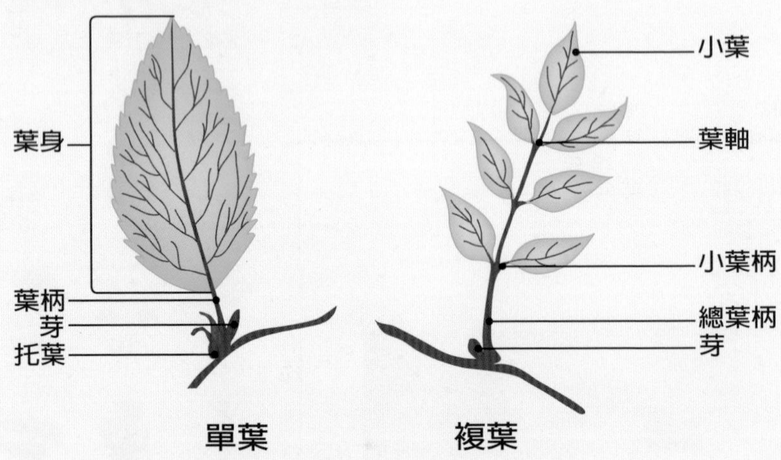

單葉：葉柄上只長出一片葉子。

複葉：葉柄上長出兩片以上的葉子。又可分：

單身複葉：葉柄上長出兩片連在一起的葉子。

三出複葉：葉柄上長出三片小葉。

掌狀複葉：葉柄上長出放射狀小葉有如手掌般。

羽狀複葉：小葉以羽狀排列於葉軸上。

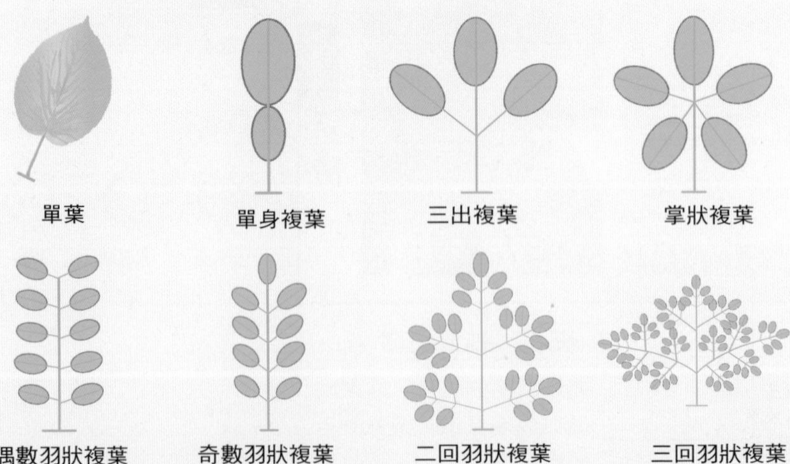

■葉形

針形
葉片細長如針狀。

鑿形
葉基寬，葉端尖銳如鑿刀狀。

線形
葉片細長兩端平行。

橢圓形
葉片中間寬廣，兩邊漸次變尖。

披針形
長形葉葉基往葉端漸次細尖。

倒披針形
長形葉葉端往葉基漸次細尖。

卵形
葉基寬圓葉端尖細。

倒卵形
葉端寬圓葉基尖細。

圓形
葉基葉端均寬圓。

心形
葉基凹陷的卵形葉。

三角形
葉面呈三角形。

腎形
葉端寬圓葉基凹陷如腎臟。

盾形
葉柄連接葉身如盾牌。

■葉序

互生
葉片單生交錯生長在莖的兩側。

對生
葉片成對生長在莖的兩側。

輪生
同一枝節上以環繞方式長出三片以上的葉片。

叢生
每一枝節的節間很短，節上的葉片叢集在一起。

■葉緣

全緣
葉緣完整無鋸齒無刻裂。

波浪緣
葉緣如上下波浪。

鋸齒緣
葉緣具齒狀刻裂，依刻裂大小可分：細鋸齒緣、深鋸齒緣。

裂紋緣
葉緣為明顯凹裂，依凹裂深度可分：淺裂緣、深裂緣。

掌狀緣
葉緣刻裂如掌狀。

■花序

單生花
花軸上只開一朵花。

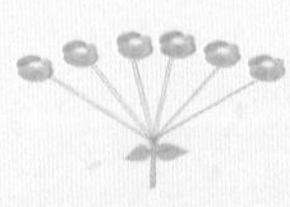

繖形花序
花軸上的小花帶梗，並齊開於同一點。

頭狀花序
無梗的小花，著生於盤狀花軸上。

葇荑花序
穗狀花序的一種，花軸下垂，小花多單性。

穗狀花序
花軸單一，小花密生不具花軸。

圓錐花序
花軸不規則分枝，小花具花梗。

聚繖花序
花軸分枝，花軸頂與分枝頂均開一朵花。

總狀花序
花軸單一，小花具花梗。

繖房花序
單一花軸，花梗長短不一，越下部花柄越長，靠近花軸頂。

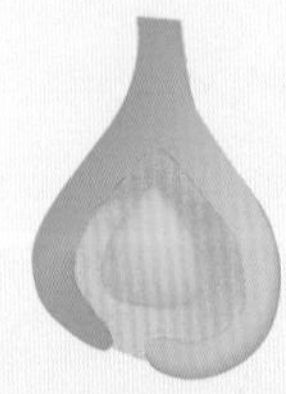

隱頭花序
花軸膨大呈囊狀，小花著生於內部。

■果實

蒴果

由兩個以上合生心皮的上位或下位子房形成。如胭脂樹、馬拉巴栗的果實。

蓇葖果

離生心皮的單個心皮形成的，成熟時或沿背縫線或沿腹縫線一側開裂。如：蘋婆、唐綿。

瘦果

由離生心皮或合生心皮的上位或下位子房形成，其果皮緊包種子，不易分離。如紅柄甜菜、蘄艾的果實。

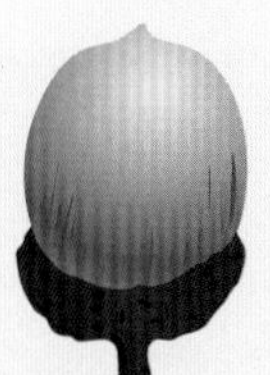

堅果

由合生心皮的下位子房形成。如板栗、青剛櫟的果實。

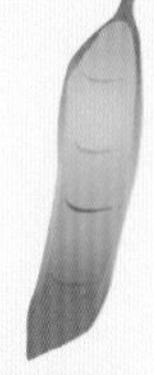

莢果

單心皮的上位子房形成的，成熟時沿背腹兩縫開裂，開裂後的果瓣片叫裂瓣。節莢基本上是莢果，僅在其種子間收縮變狹，成熟時在收縮處斷裂或具有一顆種子的斷片。如孔雀豆的果實。

翅果

瘦果狀而有翅的乾果，由合生心皮的上位子房形成。如紅楓、雞爪槭的果實。

核果

單心皮或合生心皮組成，種子常一粒，外果皮較薄，肉質或革質，中果皮肉質肥厚，內果皮木質化，包於種子外，構成果核。如梅、桂葉黃梅的果實。

漿果

果肉多漿汁，種子多數，無堅硬內果皮， 如黃金露花、石榴的果實。

聚合果

是由花內的若干裡生心皮形成的一個整體。如：刺果番荔枝、鷹爪花的果實。

毬果

具木質鱗片，種子裸露，大多為針葉樹的果實。如溼地松、落羽松的果實。

隱花果

花被包在果實外型的花軸裡。如無花果、麵包樹的果實。

■水分

生活在水中：土壤水分達到飽和狀態，植物葉片浮於水面或挺出水面，植株不能離開水；部分植物整株浮於水面生長，不能離開水。

溼：土壤潮溼，含水量高，用手擠壓土壤有水分流出。

喜溼：盆土需要始終處於溼潤狀態，保持土壤表面溼潤。

溼潤：土壤含水量較高，可擠壓出各種形狀，無水分流出。

喜溼潤：在生長季節，宜保持土壤溼潤，當表面有1～2cm乾燥後需澆一次透水，澆水掌握間乾間溼的原則。

喜乾燥：在生長季節（部分植物為春、秋生長，夏、冬休眠，也有春、夏、秋季生長，冬季休眠，也有秋、冬春三季生長，夏季眠），盆土水分基本乾透後澆一次透水，大多數這類植物冬季停止澆水。澆水掌握乾透澆透的原則。土壤水分含量低，擠壓後不能成形。

稍耐旱：土壤上層乾燥，底層溼潤，上層土壤擠壓後不能成形，下層土壤可擠壓出各種形態，無水分流出。

耐旱：土壤中上層乾燥，底層溼潤，中上層土壤擠壓後不能成形，下層土壤可擠壓出各種形態，無水分流出。

■土壤

疏鬆：指土壤團粒結構要好，疏鬆通氣，有利根系生長發育，如泥炭土、腐葉土就是這類土壤類型。

肥沃：指土壤富含有機質，這類植物對養分需求較高，日後養護要注意補充肥料。

排水良好：指土壤不能積水，否則會抑制根系生長，影響植株正常生長發育。如一些肉質根類、多肉植物等，基本是需要排水良好的土壤。

不擇土壤：這類植物習性強健，對土壤沒有特殊要求，在大多數土壤中均能生長良好；如栽培於田園土、菜園土、腐葉土中均可生長良好。

■日照

全日照：在全光照下養護，於室內置放在陽光充足的地方，如窗台、陽台等處。

半日照：在春、夏、秋季陽光強烈時，早、晚接受全光照，中午要遮陰。冬季可接受全光照。

喜陰：全天不能接受光照，通常這類植物冬季可適當接受一些陽光。

■繁殖

孢子繁殖：當蕨類植物孢子囊中的孢子成熟後，經由風力等傳播方式散播到適當的環境，即能萌發成新個體。

播種繁殖：播種繁殖也就是實生苗繁殖，將種子播於苗淺、穴盤等容器或直接播種於苗床、田地中，從而得到大量苗株的方法。

嫁接繁殖：利用繁殖體（莖、芽、球體）把兩種不同植物結合在一起，使之癒合，形成一個獨立的新個體，供嫁接用的繁殖體叫"接穗"，而接受接穗的植株叫"砧木"。

扦插繁殖：利用植物的營養器官如根、莖、葉插入基質中，使之生根，抽枝長成完整的植株。

壓條繁殖：壓條是將未脫離母株的枝條，在適當的部位將枝條環剝、刻傷，並可結合生根促進劑塗抹處理，然後將該部位埋入土中。由於受傷部位易積累上部合成的營養物質和激素，從而易形成根系。然後將它們剪離母體後移苗另栽，從而形成新的苗株。

高壓繁殖：選擇高處生長的一到二年生枝條，將樹皮環剝後（寬度約1.5~2cm，深度需達形成層），接著在傷口上包覆壤土、水苔或腐熟樹皮等介質，最後外層利用塑膠布包裹並於兩端以繩子綁緊，待其發根即可。

分生繁殖：分生繁殖是植物營養繁殖方法之一，指人為將植物體上長出來的幼植株體，如萌蘗與母株分離另行栽植而成為獨立新植物的繁殖方法。可分為分株法及分球法。前者多用於叢生性強的花灌木和萌力強的多年生草花，後者則用於球根類花卉。

鹵蕨

Acrostichum aureum

孢子　分株　喜陰　20~30℃　喜溼

科名	鹵蕨科Acrostichaceae	屬名	鹵蕨屬
別名	金蕨、鬯蕨		
原產地	日本、中國、台灣、亞洲其他熱帶地區、美洲及非洲。		
土壤	喜疏鬆、肥沃的土壤。		

形態特徵

株高可達2m。葉簇生，葉柄基部褐色，被鑽狀披針形鱗片，葉片一回奇數羽狀複葉，羽片多達30片，基部一對對生，中部互生，長舌狀披針形，全緣。孢子囊布滿頂端羽片下面，無蓋。

應用

株形美觀，可於陽台、客廳、臥室等處盆栽觀賞，也適合於蕨類植物園栽培。

▶葉為一回奇數羽狀複葉。

鐵線蕨

Adiantum capillus-veneris

科名	鐵線蕨科Adiantaceae	屬名	鐵線蕨屬
別名	鐵絲草、鐵線草		
原產地	世界廣布；中國、台灣。		
土壤	喜疏鬆、溼潤的土壤。		

形態特徵

多年生草本，高15~40cm。根狀莖橫走，黃褐色，密生棕色鱗毛，葉柄細長而堅硬，似鐵線。葉片卵狀三角形，2~4回羽狀複葉，細裂，葉脈扇狀分叉，深綠色。

應用

為鈣質土指標植物，適合於臥室、客廳等處盆栽擺放，或以壁掛式盆栽於牆面裝飾，也適合於洗手間等較蔭蔽處栽培。

▶小葉片卵狀三角形。

大羽鐵角蕨

Asplenium neolaserpitiifolium

科名	鐵角蕨科Aspleniaceae
屬名	鐵角蕨屬
別名	新大羽鐵角蕨、大黑柄鐵角蕨
原產地	日本、中國、台灣、越南、泰國、緬甸、印度、馬來群島。
土壤	喜疏鬆、排水良好的土壤。

形態特徵

株高60~70cm。葉簇生，深青褐色或深青灰色，葉面光滑且具有光澤；葉大，橢圓形，漸尖頭，三回羽狀或四回深羽裂，羽片10~12對。囊群蓋狹線形，棕色。

應用

葉形美觀，適合於室內盆栽觀賞，也可植於蕨類植物園。

長生鐵角蕨

Asplenium prolongatum

科名	鐵角蕨科Aspleniaceae
屬名	鐵角蕨屬
別名	長葉鐵角蕨
原產地	日本、韓國、中國、台灣、緬甸、中南半島、印度、斯里蘭卡、斐濟群島。
土壤	喜疏鬆的土壤。

形態特徵

植株高20~40cm。葉簇生，淡綠色，葉片線狀披針形，二回羽狀，羽片20~24對，下部對生，向上互生。羽片狹橢圓形，圓頭，基部不對稱。囊群蓋狹線形，灰綠色。

藥用

全草或根莖可入藥，具有祛風除溼的功效。

台灣山蘇花

Neottopteris nidus

孢子

分株

半日照　18~28℃　喜溼潤

科名	鐵角蕨科Aspleniaceae	屬名	巢蕨屬
別名	台灣巢蕨、鳥巢蕨		
原產地	熱帶及亞熱帶地區均有。		
土壤	喜疏鬆土壤，也可附著於樹幹、山石上栽培。		

形態特徵

多年生常綠附生草本植物，株高1m左右，根狀莖短。葉呈放射狀，叢生於根狀莖周圍。葉片呈條狀倒披針形，草質，淺綠色，兩面光滑，中脈明顯突起，葉柄粗短。孢子囊線形，生於葉背面側脈間。

應用

常盆栽於臥室、書房的茶几上觀賞，也適合作吊盆式栽培或壁掛式盆栽，於廳堂上裝飾；嫩芽及沒有完全開展的葉子頂端可作蔬菜食用。

▶葉片呈條狀倒披針形。

蘇鐵蕨

Brainea insignis

孢子　半日照　18~30℃　喜溼潤

科名	烏毛蕨科Blechnaceae
屬名	蘇鐵蕨屬
原產地	印度經東南亞至菲律賓的亞洲熱帶地區；中國、台灣。
土壤	喜疏鬆、肥沃的土壤。

形態特徵

株高可達1.5m。葉簇生於主軸頂部，略呈二形，葉片橢圓披針形，一回羽狀，羽片30~50對，對生或互生，線狀披針形至狹披針形，先端長漸尖，基部為不對稱的心臟形。孢子囊群沿主脈兩側的小脈著生。

應用

為酸性土指標植物；幼葉水煮後可食用。

胎生狗脊蕨

Woodwardia prolifera

胎芽　孢子　半日照　喜陰　18~28℃　喜溼潤

科名	烏毛蕨科Blechnaceae
屬名	狗脊蕨屬
別名	多子狗脊、珠芽狗脊、台灣狗脊蕨
原產地	中國、台灣。
土壤	喜疏鬆、排水良好的土壤。

形態特徵

多年生草本，高0.7~2.3m。葉近簇生，葉片長卵狀長圓形或橢圓形，先端漸尖且二回羽狀深裂，羽片對生或上部互生，斜展，披針形，先端漸尖，基部不對稱。葉革質，羽片上常具小珠芽。孢子囊群粗短，似新月。

應用

嫩葉可作蔬菜，摘採後以沸水汆燙一下，清水浸泡半天，適合炒食或醃漬。

桫欏

Alsophila spinulosa

孢子　分株　半日照　喜陰　18~28℃　喜溼潤

科名	桫欏科Cyatheaceae	屬名	桫欏屬
別名	刺桫欏		
原產地	日本、中國、台灣、越南、泰國、緬甸、柬埔寨、孟加拉、印度、不丹、尼泊爾。		
土壤	喜疏鬆、排水良好的土壤。		

形態特徵

株高可達6m或更高。葉螺旋狀排列於莖頂端，葉片大，長矩圓形，三回羽狀深裂，羽片17~20對，互生，中部羽片二回羽狀深裂，小羽片18~20對。孢子囊群著生於側脈分叉處，囊群蓋球形，膜質。

應用

可於客廳、飯店大廳盆栽觀賞。

藥用

髓部入藥，祛風溼、強筋骨、清熱止咳。

▶小羽片。

黑桫欏

Alsophila podophylla

孢子　分株　半日照　喜陰　18~28℃　喜溼潤

科名	桫欏科Cyatheaceae	屬名	桫欏屬
別名	鬼桫欏、結脈黑桫欏		
原產地	日本、中國、台灣、越南、寮國、泰國、柬埔寨。		
土壤	喜疏鬆土壤。		

形態特徵

株高1~3m，具主幹。葉片大，長2~3m，一回、二回深裂以至二回羽裂，羽片互生，斜展，長圓狀披針形，頂端長漸尖，有淺鋸齒，小羽片約20對，互生。孢子囊群圓形，著生於小脈背面近基部處，無囊蓋群。

應用

葉形飄逸、美觀，可於客廳、陽台、臥室等處盆栽裝飾。

▶二回羽狀複葉。

筆筒樹

Sphaeropteris lepifera

孢子　分株　半日照　全日照　18~28℃　喜溼潤

科名	桫欏科Cyatheaceae	屬名	白桫欏屬
別名	多鱗白桫欏、山棕蕨		
原產地	日本、中國、台灣、菲律賓。		
土壤	喜疏鬆、肥沃的土壤。		

形態特徵

莖幹高可達6m。葉軸和羽軸禾稈色，最下部羽片略縮短，最長的羽片達80cm，最大的小羽片長10~15cm，先端漸尖，裂片紙質，全緣或近於全緣。孢子囊群近主脈著生，無囊群蓋。

應用

植株高大，葉形美觀，葉痕奇特，具有熱帶風情，大型盆栽可置於客廳及大堂等處觀賞；嫩芽及嫩葉可汆燙或熱炒後食用。

▶羽片先端漸尖。

大葉骨碎補
Davallia formosana

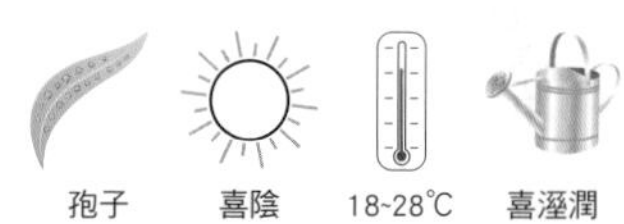

科名	骨碎補科Davalliaceae
屬名	骨碎補屬
別名	華南骨碎補
原產地	中國、台灣、越南、柬埔寨。
土壤	喜疏鬆、排水良好的土壤。

形態特徵

株高約1m。葉遠生，葉片大，三角形或卵狀三角形，先端漸尖，四回羽狀或五回羽裂，羽片約10對，互生，基部一對最大，長三角形。一回小羽片約10對，二回小羽片約7~10對，末回小羽片橢圓形。囊群蓋管狀。

應用

可於客廳或陽台等處盆栽欣賞，或於水池邊栽培。

圓蓋陰石蕨
Humata tyermanni

科名	骨碎補科Davalliaceae
屬名	陰石蕨屬
別名	白毛蛇、陰石蕨
原產地	中國、台灣、越南、寮國。
土壤	附生基質栽培。

形態特徵

株高20cm。葉遠生，葉片長三角狀卵形，長寬幾乎相等，先端漸尖，基部心臟形，三至四回羽狀深裂，羽片約10對，近互生至互生，基部一對最大，囊群蓋近圓形，全緣，淺棕色。

應用

可於書房、臥室等處盆栽觀賞，也可栽培於庭院蔭蔽處的樹幹、山石上觀賞。

腎蕨

Nephrolepis auriculata

孢子　分株　全日照　半日照　18~28℃　喜溼潤

科名	腎蕨科Nephrolepidaceae	屬名	腎蕨屬
別名	圓羊齒、蜈蚣草		
原產地	廣布於熱帶和亞熱帶地區。		
土壤	喜疏鬆、排水良好的土壤。		

形態特徵

附生或土生植物，根狀莖直立。葉叢生、亞革質，葉片線狀披針形，為一回羽狀複葉。羽片多數、常成覆瓦狀，披針形、先端鈍、基部心形或圓形。孢子囊群生於葉背面側脈的小脈頂端，在中脈兩旁各成一行。

應用

適合於客廳、臥室、書房等處盆栽觀賞，或是吊盆式栽培，也是庭院邊、牆角綠化的優良素材。

▶葉片線狀披針形。

雙齒腎蕨

Nephrolepis biserrata

孢子　分株　半日照　18~28℃　喜溼潤

科名	腎蕨科Nephrolepidaceae	屬名	腎蕨屬
別名	長葉腎蕨		
原產地	廣布於熱帶地區；中國、台灣。		
土壤	喜疏鬆、肥沃的土壤。		

形態特徵

根狀莖直立。葉簇生，葉片長可達1m，狹橢圓形，一回羽裂，羽片多數，互生，偶有近對生，中部羽片披針形或線狀披針形，先端急尖或短漸尖，基部近對稱，近圓形或斜圓形，葉緣有疏缺刻或粗鈍鋸齒。囊群蓋圓腎形，褐棕色。

應用

可於廳堂盆栽裝飾。

藥用

根狀莖可入藥，具有補肝腎、強腰膝、除風溼、壯筋骨等功效。

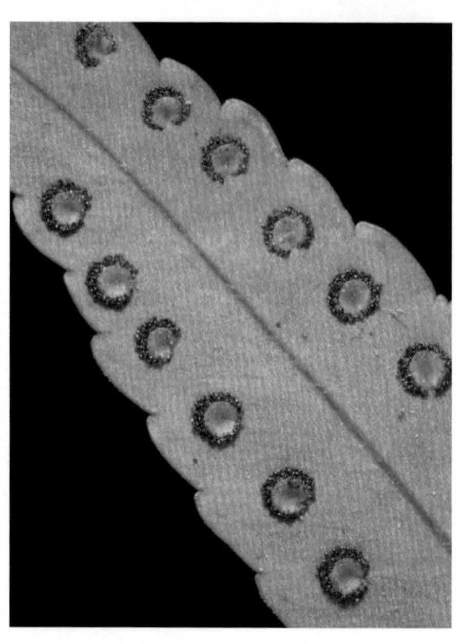

▶囊群蓋圓腎形。

金毛狗

Cibotium barometz

科名	蚌殼蕨科Dicksoniaceae	屬名	金毛狗屬
別名	黃毛狗、猴毛頭		
原產地	熱帶及亞熱帶地區；中國、台灣。		
土壤	喜疏鬆、肥沃的土壤。		

形態特徵

大型樹狀陸生蕨類，植株高約1~3m。根狀莖平臥、粗大，露出地面部分密被金黃色長絨毛。葉簇生於莖頂端，葉片大，三回羽裂，羽片長披針形，尖頭，裂片邊緣有細鋸齒，葉近革質。孢子囊群生於小脈頂端，囊群蓋堅硬兩瓣，成熟時張開，形如蚌殼。

應用

株形美麗奇特，為著名的觀賞蕨類，適合盆栽於客廳、大廳等處裝飾，也是庭院水池邊緣美化的良材。

▶葉片大，三回羽裂。

密毛鱗毛蕨

Cyclosrus parasiticus

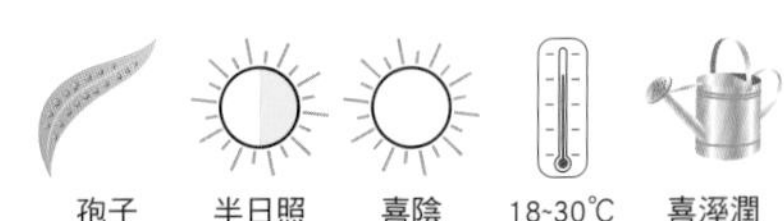

科名	鱗毛蕨科Dryopteridaceae
屬名	鱗毛蕨屬
別名	華南毛蕨
原產地	日本、韓國、中國、台灣、越南、泰國、緬甸、印度、尼泊爾、斯里蘭卡、印尼、菲律賓。
土壤	喜疏鬆、排水良好的土壤。

形態特徵

株高達70cm。葉近生，葉片長圓披針形，先端羽裂，尾狀漸尖頭，基部不變狹，二回羽裂，羽片12~16對，中部以下對生，向上的互生，披針形，先端長漸尖，基部平截，略不對稱。囊群蓋小，膜質，棕色。

應用

大型盆栽可作為廳堂綠化，小盆栽適合室內裝飾。

貫眾

Cyrtomium fortunei

科名	鱗毛蕨科Dryopteridaceae
屬名	貫眾屬
原產地	日本、韓國、中國、台灣、越南、泰國。
土壤	喜疏鬆、肥沃的土壤。

形態特徵

株高25~50cm。葉簇生，葉片矩圓披針形，先端鈍，基部不變狹或略變狹，奇數一回羽狀，側生羽片7~16對，互生，近平展。孢子囊群遍布羽片背面，囊群蓋圓形，盾狀，全緣。

應用

可於臥室、書房、桌廳等處盆栽觀賞，也適合於庭院的牆垣邊、路邊栽培觀賞。

水蕨

Ceratopteris thalictroides

孢子　分株　全日照　16~28℃　水生

科名	鳳尾蕨科Pteridaceae	屬名	水蕨屬
原產地	廣布於世界熱帶及亞熱帶各地；中國、台灣。		
土壤	喜疏鬆、肥沃的土壤。		

形態特徵

多年生水生蕨類植物，葉二型，簇生於短的根狀莖上，營養葉的葉柄短圓柱狀，葉卵狀三角形，2~4回羽裂；孢子葉的葉柄長於營養葉柄，葉片2~4回羽狀深裂，末回裂片線形，角果狀，葉脈網狀。

應用

株形美觀，適合於庭院庇蔭處的路邊、樹上或水池邊栽培觀賞；嫩葉可作蔬菜，是有名的“蕨菜”品種之一。

藥用

根莖可入藥，具有殺蟲、清熱解毒的功效；全草入藥，能消炎拔毒，治瘡毒。

▶生殖葉末回裂片線形。

傅氏鳳尾蕨

Pteris fauriei

孢子 分株 半日照 喜陰 16~26℃ 喜溼潤

科名	鳳尾蕨科Pteridaceae
屬名	鳳尾蕨屬
別名	羽葉鳳尾蕨、南方鳳尾蕨、金釵鳳尾蕨
原產地	日本、中國、台灣、越南。
土壤	喜疏鬆、排水良好的微酸性土壤。

形態特徵

植物高50~90cm。葉片卵形至卵狀三角形，二回深羽裂，側生羽片3~9對，下部對生，基部一對無柄或有短柄，向上的無柄，鐮刀狀披針形，先端漸尾狀漸尖，基部漸狹。

應用

適合盆栽置於客廳、臥室等空間裝飾。

銀脈鳳尾蕨

Pteris ensiformis var. *victoriae*

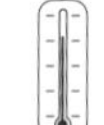

孢子 分株 半日照 喜陰 18~28℃ 喜溼潤

科名	鳳尾蕨科Pteridaceae
屬名	鳳尾蕨屬
別名	白鳳尾蕨
原產地	亞洲、大洋洲。
土壤	喜疏鬆、排水良好的土壤。

形態特徵

中小型陸生蕨類，株高20~40 cm，叢生。根狀莖匍匐生長，葉二型，一為孢子葉，直立，具葉柄，羽片狹長；另一種為裸葉，較矮，羽狀展開，質薄。葉脈部分為明顯的銀白色。

應用

株形美觀，葉形飄逸，為著名的觀賞植物，可於室內盆栽觀賞，也可植於庭院蔭蔽的路邊或水岸邊欣賞。

大葉井口邊草

Pteris cretica var. *nervosa*

科名	鳳尾蕨科Pteridaceae	屬名	鳳尾蕨屬
別名	井邊草、鳳尾蕨		
原產地	日本、中國、台灣、寮國、柬埔寨、菲律賓、印度、尼泊爾、斯里蘭卡、斐濟群島、夏威夷群島。		
土壤	喜疏鬆、排水良好的土壤。		

形態特徵

株高50~70cm。葉片卵圓形，一回羽狀，營養葉的羽片2~5對，常對生，斜向上，基部一對有短柄並為二叉，向上的無柄，狹披針形或披針形，先端漸尖，基部闊楔形，葉緣有軟骨質的邊並有鋸齒。

應用

盆栽用於居室裝飾。

藥用

全草可入藥，具有清熱解毒、利溼消腫的功效。

▶葉片卵圓形。

二岐鹿角蕨

Platycerium bifurcatum

孢子　分株　半日照　喜陰　15~26℃　喜溼潤

科名	鹿角蕨科Platyceriaceae	屬名	鹿角蕨屬
原產地	小巽群島及爪哇、澳大利亞、新幾內亞。		
土壤	可選用蕨根、苔蘚或少量腐葉土栽培。		

形態特徵

成簇附生於樹上或岩石上。基生營養葉無柄，直立或貼生，邊緣全緣，淺裂直到四回分叉，裂片不等長。正常孢子葉直立，伸展或下垂，通常不對稱，楔形，二至五回叉裂。孢子囊群中有64個孢子，黃色。

應用

小盆栽可擺放於桌上觀賞，大型盆栽可用於廳堂裝飾，也常於庭院水池邊的山石吊掛栽培。

▶孢子葉二至五回分叉。

長葉鹿角蕨

Platycerium wallichii

孢子　分株　半日照　喜陰　15~26℃　喜溼潤

科名	鹿角蕨科Platyceriaceae	屬名	鹿角蕨屬
別名	鹿角蕨		
原產地	中國、台灣、泰國、緬甸、印度。		
土壤	可選用蕨根、苔蘚或少量腐葉土栽培。		

形態特徵

附生植物。葉2列，二型，基生營養葉宿存，厚革質，下部肉質，貼生，長寬近相等，先端截形，3~5叉裂，裂片近等長，圓鈍或尖頭，全緣。正常孢子葉常成對生長，下垂，灰綠色，分裂成不等大的3枚主裂片，基部楔形，下延，內側裂片最大，多次分叉成狹裂片。孢子綠色。

應用

可於客廳、書房、臥室等處盆栽觀賞，也適合於居家水池邊裝飾。

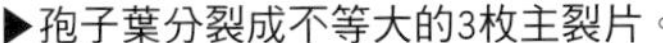
▶孢子葉分裂成不等大的3枚主裂片。

觀葉植物　蕨類植物

掌葉線蕨

Colysis digitata

科名	水龍骨科Polypodiaceae	屬名	線蕨屬
別名	石壁蓮、石上蓮		
原產地	中國、台灣、越南。		
土壤	喜疏鬆、排水良好的土壤。		

形態特徵

株高30~50cm。葉遠生，葉片通常為掌狀深裂，有時為2~3裂或單葉，基部截形或很少短下延，裂片3~5片，披針形，頂端漸尖，基部稍狹，邊緣有軟骨質的邊，全緣而呈淺波狀。孢子囊群線形。

▲葉片有時為2~3裂。

應用

葉形美觀，株形小巧，適合置於書房、客廳桌上盆栽觀賞。

藥用

全草可入藥，用於治療跌打損傷。

褐葉線蕨

Colysis wrightii

孢子

分株

喜陰　18~26℃　喜溼潤

科名	水龍骨科Polypodiaceae	屬名	線蕨屬
別名	菜氏線蕨		
原產地	日本、中國、台灣、越南。		
土壤	喜疏鬆的土壤。		

形態特徵

株高20~50cm。葉遠生，葉片倒披針形，頂端漸尖呈尾狀，向基部漸變狹並以狹翅長下延，邊緣淺波狀，葉脈明顯，葉薄草質。孢子囊群線形，無囊群蓋。

應用

可於較蔭蔽的陽台、茶几等處盆栽觀賞，也可植於庭院蔽蔭的路邊、水岸邊觀賞。

▶葉片倒披針形。

槲蕨

Drynaria roosii

科名	水龍骨科Polypodiaceae
屬名	槲蕨屬
別名	石岩薑
原產地	中國、台灣、越南、寮國、泰國、柬埔寨、印度。
土壤	附生基質栽培。

形態特徵

附生草本。葉二型，基生營養葉圓形，基部心形、淺裂至葉片寬度的1／3，邊緣全緣，黃綠色或枯棕色。正常孢子葉裂片7~10對，互生，邊緣有不明顯的疏鈍齒，頂端急尖或鈍。孢子囊群圓形、橢圓形。

應用

植株大型、美觀，盆栽適合置於室內欣賞。

有翅星蕨

Microsorum pteropus

喜溼潤

科名	水龍骨科Polypodiaceae
屬名	星蕨屬
別名	三叉葉星蕨
原產地	中國、台灣、越南、緬甸、印度、馬來群島。
土壤	喜疏鬆的土壤。

形態特徵

植株高15~30cm。葉遠生，葉片深3裂或全緣，有時二叉，三裂葉的葉柄上部有狹翅，頂生裂片長可達17cm，側生裂片較頂生裂片狹小，葉為披針形，頂端漸尖，基部急狹而下延於有翅的葉柄上。葉薄革質。孢子囊群圓形。

應用

葉形美觀，耐溼性強，適合在庭院蔭蔽的路邊、水池邊種植觀賞，盆栽可用於居家裝飾。

星蕨

Microsorium punctatum

科名	水龍骨科Polypodiaceae
屬名	星蕨屬
原產地	中國、台灣、越南、馬來群島、印度至非洲、波里尼西亞。
土壤	用蕨根、苔蘚等附生基質栽培。

形態特徵

植株高40~60cm。葉片闊線狀披針形，頂端漸尖，基部長漸狹而形成狹翅，或呈圓楔形或近耳形，葉緣全緣，有時略呈不規則的波狀，葉紙質。孢子囊群橙黃色。

應用

葉形飄逸美觀，可於陽台、客廳、書房等處盆栽觀賞，也適合在庭院較蔭蔽的樹幹或山石懸掛栽培。

石韋

Pyrrosia lingua

科名	水龍骨科Polypodiaceae
屬名	石韋屬
別名	小石韋、飛刀劍、石皮
原產地	日本、韓國、中國、台灣、越南、印度。
土壤	用蕨根、苔蘚等附生基質栽培。

形態特徵

植株高10~30cm。葉遠生，近二型，孢子葉通常比營養葉長得高而較狹窄，兩者的葉片略比葉柄長。營養葉片近長圓形，或長圓披針形，下部1／3處最寬，向上漸狹，基部楔形。孢子囊群近橢圓形。

應用

可於居室盆栽觀賞，庭院可植於蔭蔽的路邊、牆垣邊。

覆葉石松
Lycopodium carinatum

科名	石松科Lycopodiaceae
屬名	石松屬
別名	龍骨石松
原產地	中國、台灣、馬來半島、菲律賓至波里尼西亞。
土壤	用蕨根、水苔等附生基質栽培。

形態特徵

枝下垂，長20~80cm，二至三回兩歧分枝。葉披針狀鑽形，質地堅硬，排列成6~8行，向上，稍密集，頂端短尖，基部下延，全緣，扁平至折疊。

應用

可懸掛於陽台、頂樓花園栽培觀賞，或於庭院蔭蔽的樹幹上、牆壁上或山石上栽培觀賞。

垂枝石松
Lycopodium phlegmaria

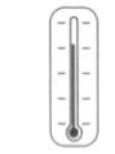

科名	石松科Lycopodiaceae
屬名	石松屬
別名	細穗石松
原產地	廣布亞洲、非洲及澳洲；中國、台灣。
土壤	用蕨根、水苔等附生基質栽培。

形態特徵

附生，枝條細長下垂，二至四回兩歧分枝。葉螺旋排列，6~8行，接近或疏離，三角形至披針形，扁平，堅硬，近革質，頂端短尖，基部圓形或心臟形，全緣。穗多數，通常多回分支，孢子葉疏生或密集。孢子囊圓形。

應用

多懸掛於陽台、頂樓花園栽培觀賞，也可於庭院蔭蔽的樹幹上、牆壁上或山石上栽培觀賞。

鱗葉石松

Lycopodium sieboldii

科名	石松科Lycopodiaceae
屬名	石松屬
原產地	日本、中國。
土壤	用蕨根、水苔等附生基質栽培。

形態特徵

附生，主莖長約30cm，匍匐狀，具分支，小葉長1.5cm，為小型單葉，僅具中脈，螺旋狀排列。孢子葉與營養葉等大，膜質。

應用

可懸掛於陽台、頂樓花園栽培觀賞，或於庭院蔭蔽的樹幹上、牆壁上或山石上栽培觀賞。

杉葉石松

Lycopodium squarrosum

科名	石松科Lycopodiaceae
屬名	石松屬
別名	鹿角草
原產地	中國、台灣、馬達加斯加、塞舌耳群島以東熱帶地區，向北到喜馬拉雅山。
土壤	用蕨根、苔蘚等栽培。

形態特徵

附生植物，著生於樹木或岩石上，長30~60cm。營養枝分支1~2次，彎曲下垂，基部葉明顯反折，中段小葉向外，綠色。孢子葉與營養葉大小相近。

應用

為著名的盆栽植物，可盆栽或懸掛栽培於陽台、臥室、書房觀賞。

槐葉萍
Salvinia natans

科名	槐葉蘋科Salviniaceae
屬名	槐葉萍屬
別名	槐葉蘋、蜈蚣萍
原產地	日本、中國、台灣、越南、印度、歐洲。
土壤	不需土壤。

形態特徵

多年生浮水植物。莖細長橫走，三葉輪生，上面二葉漂浮水面，形如槐葉，長圓形或橢圓形，頂端鈍圓，基部圓形或稍呈心形，全緣。葉柄短或近無柄。

應用

可於書桌、餐桌或小型茶几上盆栽觀賞。

小翠雲草
Selaginella kraussiana

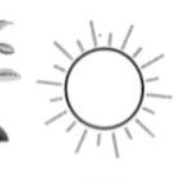

扦插　分株　喜陰　20~26℃　喜溼潤

科名	卷柏科Selaginellaceae
屬名	卷柏屬
原產地	非洲。
土壤	喜疏鬆、肥沃的土壤。

形態特徵

匍匐土生，長15~45cm。主莖通體呈不規則的羽狀分枝，具關節，側枝10~20對，2~3回羽狀分枝，枝排列稀疏，不規則。葉全部交互排列，二型，草質葉長圓狀橢圓形，基部鈍。孢子葉穗緊密，單生。

應用

可於桌上盆栽裝飾，或於庭院的蔭蔽路邊、水岸邊栽培觀賞。

翠雲草

Selaginella uncinata

科名	卷柏科Selaginellaceae	屬名	卷柏屬
別名	藍地柏、藍草、綠絨草		
原產地	中國、台灣。		
土壤	喜疏鬆、肥沃的土壤。		

形態特徵

多年生草本。莖伏地蔓生，極細軟，分支處常生不定根，多分支。小葉卵形，孢子葉卵狀三角形。葉色呈藍綠色，其主莖纖細，呈褐黃色，分生的側枝著生細緻如鱗片的小葉。

應用

可於居室盆栽觀賞，庭院可植於蔭蔽的路邊、牆垣邊。

藥用

全草入藥，可治療刀傷、燙傷等。

▶葉面上帶綠藍色。

肯氏南洋杉

Araucaria cunninghamii

播種　扦插　全日照　18-28℃　喜溼潤

科名	南洋杉科Araucariaceae	屬名	南洋杉屬
別名	南洋杉、塔形南洋杉		
原產地	澳洲及新幾內亞。		
土壤	喜肥沃、排水良好的土壤。		

形態特徵

常綠大喬木，株高可達30m。幼樹呈整齊的尖塔形，老樹呈平頂狀。葉有二型，幼樹或側枝上的葉為鑽形、針形或三角形；大樹或老枝上的葉為卵形或三角狀卵形，雌雄異株。毬果卵形，種子兩側有翅。

應用

株形高大美觀，為世界著名的觀賞樹種，盆栽可用於大型廳堂綠化，園林中常作風景樹；木材可供建築、製作器具等。

▶毬果卵形。

龍柏

Juniperus chinensis 'Kaizuca'

播種　全日照　15~26℃　喜溼潤/耐旱

科名	柏科Cupressaceae	屬名	圓柏屬
原產地	日本、中國。		
土壤	不擇土壤。		

形態特徵

常綠小喬木，高可達8m。樹冠圓筒形或尖塔形。幼葉為針狀，三葉輪生，老葉鱗狀，對生，先端鈍或尖。雌雄同株或異株，雌花頂生，毬果肉質，成熟時褐色。

應用

株形美觀，枝葉青翠，大型盆栽可用於門庭兩側綠化；園林中常群植或列植觀賞。

花期					
1	2	3	4	5	6
7	8	9	10	11	12

▶毬果肉質。

圓柏

Juniperus chinensis

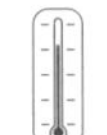

播種　扦插　高壓　全日照　18~26℃　喜溼潤/耐旱

科名	柏科Cupressaceae	屬名	圓柏屬
別名	刺柏、紅心柏、檜柏		
原產地	日本、韓國、中國。		
土壤	喜疏鬆、肥沃的沙質土壤。		

形態特徵

常綠灌木，株高2~3m。樹冠尖塔形，老時樹冠呈廣卵形。葉二型，鱗葉鈍尖，背面近中部有橢圓形微凹的腺體，刺形葉披針形，三葉輪生，上面微凹，有兩條白氣孔帶。雌雄異株，少同株，雌、雄毬花均生於短枝頂端。毬果近圓球形。

應用

四季常綠，形態美觀，生性強健，大型盆栽適合於門庭兩側綠化，也適合作為盆景等材料。

▶毬果近圓球形。

蘇鐵

Cycas revoluta

播種　分蘗　全日照　半日照　20~30℃　喜溼潤/耐旱

科名	蘇鐵科Cycadaceae	屬名	蘇鐵屬
別名	鐵樹、鳳尾蕉		
原產地	日本、中國、印尼。		
土壤	喜疏鬆、肥沃的微酸性土壤。		

形態特徵

常綠灌木，高約2~3m。葉叢生於莖頂，羽狀複葉，大型，小葉線形，初生時內捲，後向上斜展，邊緣向下反捲，厚革質，先端銳尖，葉背密生銹色絨毛，基部小葉成刺狀。花頂生，雌雄異株，雄毬花圓柱形，黃色，密被黃褐色絨毛；雌毬花扁球形，上部羽狀分裂。

應用

株形古樸，適合於客廳、飯店大廳盆栽美化，幼株可用於桌上裝飾；蘇鐵莖內含澱粉，可供食用，也可作釀酒的原料。

▶葉叢生於莖頂，羽狀複葉。

美葉鳳尾蕉

Zamia furfuracea

播種　分株　全日照　半日照　20~30℃　喜溼潤/耐旱

科名	蘇鐵科Cycadaceae	屬名	鳳尾蕉屬
別名	闊葉鐵樹、南美蘇鐵		
原產地	美國佛羅里達州及西印度群島、墨西哥。		
土壤	喜疏鬆、肥沃的沙質土壤。		

形態特徵

常綠灌木。叢生，株高30~150 cm。羽狀複葉集生莖端，小葉近對生，長橢圓形至披針形，邊緣中部以上有齒，常反捲，有時被黃褐色鱗屑。雌雄異株。

應用

可將幼苗數株或數十株植於花盆內，置於茶几、窗台或陽台觀賞，大型植株可用於客廳、臥室觀賞；園林中常單植或群植。

▲小葉近對生。

花期						
	1	2	3	4	5	6
	7	8	9	10	11	12

銀杏

Ginkgo biloba

科名	銀杏科Ginkgoaceae	屬名	銀杏屬
別名	白果、公孫樹		
原產地	中國。		
土壤	喜疏鬆、肥沃的土壤。		

形態特徵

落葉高大喬木，株高達30~40m。葉互生，在長枝上輻射狀散生，在短枝上簇生。雌雄異株，稀同株，雌花單生於短枝的葉腋，黃綠色，雄花成葇荑花序。種子核果狀，近球狀橢圓形，熟時橙黃色。

應用

株形美觀，果、葉均有較高的觀賞價值，可用於製作盆景或室內裝飾；果可食，可用來製作菜餚及煲湯；可用於建築、家具、雕刻等，為珍貴的材用樹種。

▲種子核果狀。

雪松

Cedrus deodara

播種　全日照　12~25℃　喜溼潤/耐旱

科名	松科Pinaceae	屬名	雪松屬
別名	香柏		
原產地	阿富汗至印度。		
土壤	喜土層深厚、排水良好的微酸性土壤。		

形態特徵

常綠喬木，高達50m以上至75m，樹冠圓錐形。葉針形，灰綠色，橫切面三角形，在長枝上散生，在短枝上簇生。毬果。

應用

樹體高大，株形美觀，可製作盆景用於大型廳堂美化；為著名的園林樹種，常單植或叢植作為觀賞樹；材質堅實，具香氣，可用於建築、橋梁、造船、家具及器具等。

▲毬果。

花期

1	2	3	4	5	6
7	8	9	10	11	12

溼地松

Pinus elliottii

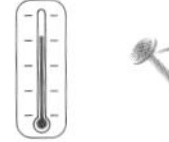

播種　全日照　12~28℃　喜溼潤/耐旱

科名	松科Pinaceae	屬名	松屬
別名	濕地松		
原產地	美國東南海岸。		
土壤	喜深厚肥沃的中性至強酸性土壤。		

形態特徵

常綠大喬木，樹幹通直，高25~35m。針葉2針或3針1束，粗硬，深綠色，有光澤，腹背兩面均有氣孔線，邊緣有細鋸齒。毬果長圓錐形，2~3個聚生。

應用

適合用作觀賞樹或行道樹，群植、列植及單植景觀效果均佳。

花期					
1	2	3	4	5	6
7	8	9	10	11	12

▶葉2針或3針1束。

竹柏

Podocarpus nagi

播種　扦插　全日照　半日照　18~28℃　喜溼潤

科名	羅漢松科Podocarpaceae	屬名	羅漢松屬
原產地	中國。		
土壤	喜土質疏鬆、肥沃的酸性土壤。		

形態特徵

常綠喬木，高20~30m。葉交叉對生，厚革質，寬披針形或橢圓狀披針形，無中脈，有多數並列細脈。果實核果狀，圓球形。

應用

適合於客廳、陽台等處盆栽裝飾；園林中常用作行道樹。

▶果實圓球形。

花期 1 2 3 4 5 6 7 8 9 10 11 12

羅漢松

Podocarpus macrophyllus

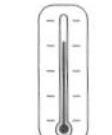

播種　扦插　高壓　全日照　半日照　15~28℃　溼潤/耐旱

科名	羅漢松科Podocarpaceae	屬名	羅漢松屬
別名	羅漢杉、土杉		
原產地	日本、中國、台灣。		
土壤	喜排水良好、深厚肥沃的沙質土壤。		

形態特徵

葉線狀披針形，螺旋狀互生，基部楔形，先端突尖或鈍尖，兩面中脈明顯而隆起，表面濃綠色，有光澤，背面淡綠色，有時被白粉。雄花穗狀。種子卵圓形。

應用

小型盆栽可置於書桌、茶几等處擺放觀賞，大型盆栽可用於客廳、庭院等處美化；園林中常單植、列植觀賞。

▶葉線狀披針形。

水杉

Metasequoia glyptostroboides

播種　扦插　全日照　13~26℃　喜溼

科名	杉科Taxodiaceae	屬名	水杉屬
原產地	中國。		
土壤	喜疏鬆、溼潤的土壤。		

形態特徵

多年生落葉喬木，高達35m。葉在側生小枝上成2列，羽狀，冬季與枝條一同脫落。枝斜展，小枝下垂，幼樹樹冠尖塔形，老樹樹冠廣圓形，枝條稀疏。毬果。

應用

株形美觀，葉色翠綠，為著名的行道樹種和庭園樹種，園林中常群植或林植造景；木材為良好的用材。

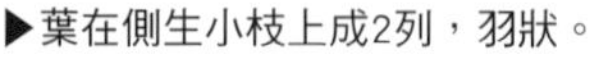
▶葉在側生小枝上成2列，羽狀。

落羽松

Taxodium distichum

播種　扦插　全日照　13~26℃　喜溼

科名	杉科Taxodiaceae	屬名	落羽杉屬
別名	落羽杉		
原產地	北美東南部。		
土壤	喜疏鬆、肥沃的土壤。		

形態特徵

多年生高大落葉喬木，在原產地可達50m。葉條形，扁平，基部扭轉在小枝上成2列，羽狀，先端尖，淡綠色，中脈隆起。枝條開展，幼樹樹冠圓錐形，老樹則呈寬圓錐狀。雄毬花卵圓形。毬果。

應用

株形美觀，適合於庭園、水岸邊栽培觀賞；材質優良，可用於建築、造船等。

▶葉於小枝上排成2列。

觀葉植物　裸子植物

銀脈爵床

Aphelandra squarrosa

扦插　全日照　半日照　18~25℃　喜溼潤/不耐旱

科名	爵床科Acanthaceae	屬名	單藥花屬
別名	銀脈單藥花		
原產地	美洲的熱帶和亞熱帶地區。		
土壤	喜疏鬆、肥沃的微中性或酸性土壤。		

形態特徵

多年生草本或灌木。葉大，先端尖，葉片深綠色有光澤，葉面具有明顯的白色條紋狀葉脈，葉緣波狀。花頂生或腋生，金黃色。苞片很大，覆瓦狀。

應用

葉色清雅，為優良的觀葉植物，盆栽適合於臥室、客廳等處擺放觀賞；也常用於園林綠化。

▲葉面有白色條紋狀葉脈。

花期					
1	2	3	4	5	6
7	8	9	10	11	12

紅網紋草

Fittonia verschaffeltii

科名	爵床科Acanthaceae
屬名	網紋草屬
別名	費通花
原產地	南美祕魯。
土壤	喜富含腐植質的沙質土壤。

形態特徵

多年生高大落葉喬木，在原產地可達50m。葉條形，扁平，基部扭轉在小枝上成2列，羽狀，先端尖，淡綠色，中脈隆起。枝條開展，幼樹樹冠圓錐形，老樹則呈寬圓錐狀。雄毬花卵圓形。毬果。

應用

株形美觀，適合於庭園、水岸邊栽培觀賞；材質優良，可用於建築、造船等。

白網紋草

Fittonia verschaffeltii var. *argyroneura*

科名	爵床科Acanthaceae
屬名	網紋草屬
原產地	南美祕魯。
土壤	喜疏鬆、排水良好的土壤。

形態特徵

多年生常綠草本植物，株高10~20cm。匍匐，葉對生，卵圓形，葉面密布白色網紋。葉柄、花梗、枝條均具絨毛。

應用

白色葉脈布滿葉面，觀賞性佳，適合在居家的餐桌、陽台等處擺放裝飾。

小駁骨
Gendarussa vulgaris

扦插　全日照　半日照　20~28°C　喜溼潤

科名	爵床科Acanthaceae	屬名	駁骨草屬
別名	接骨草		
原產地	亞洲熱帶；中國、台灣。		
土壤	不擇土壤。		

形態特徵

常綠小灌木， 株高1~2m。單葉對生，葉片披針形，先端漸尖，基部楔形，全緣，兩面均無毛。穗狀花序頂生或腋生，花冠白色或粉色，有紫斑。蒴果。

應用

生性強健，適合於庭院的牆垣邊、路邊作綠籬栽培。

藥用

全草入藥，具有舒筋活絡之功效。

▲單葉對生，葉片披針形。

觀葉植物　被子植物

彩葉木

Graptophyllum pictum

科名	爵床科Acanthaceae	屬名	紫葉屬
別名	錦彩葉木		
原產地	新幾內亞。		
土壤	喜疏鬆肥沃、排水良好的微酸性土壤。		

形態特徵

植株高達1m。莖紅色，葉對生，長橢圓形，先端尖，基部楔形。葉中肋具淡紅、乳白、黃色彩斑。

應用

色彩絢麗，為優良的觀賞植物。適合於窗台、陽台、客廳等處栽培觀賞；園林中常用於路邊、水岸邊栽培。

▶葉對生，長橢圓形。

花期					
1	2	3	4	5	6
7	8	9	10	11	12

嫣紅蔓

Hypoestes phyllostachya

科名	爵床科Acanthaceae	屬名	槍刀菜屬
別名	紅點草、濺紅草		
原產地	馬達加斯加。		
土壤	喜疏鬆、肥沃的沙質土壤。		

形態特徵

株高30~60cm。葉對生，呈卵形或長卵形，葉全緣，葉面呈橄欖綠，上面布滿紅色、粉紅色或白色斑點。穗狀花序，花淡紫色。

應用

植株低矮，葉色雅致，常於書桌、窗台及陽台等處盆栽觀賞。

▲葉對生，呈卵形。

花期					
1	2	3	4	5	6
7	8	9	10	11	12

波斯紅草

Perilepta dyeriana

扦插　全日照　半日照　22~28℃　喜溼潤

科名	爵床科Acanthaceae	屬名	耳葉馬藍屬
原產地	緬甸、馬來西亞。		
土壤	喜疏鬆、排水良好的土壤。		

形態特徵

常綠灌木，株高10~20cm。葉對生，橢圓狀披針形，葉緣有細鋸齒。葉脈兩側面有色斑，下部葉斑灰白色，上部葉斑為紫色，葉背紫紅色。

應用

適合於臥室、客廳等處擺放觀賞，也是庭院綠化的優良材料；園林中常植於路邊、山石邊觀賞。

▲葉對生，橢圓狀披針形。

花期					
1	2	3	4	5	6
7	8	9	10	11	12

金葉擬美花

Pseuderanthemum reticulatum

扦插　全日照　20~30℃　喜溼潤

科名	爵床科Acanthaceae	屬名	山殼骨屬
原產地	波里尼西亞。		
土壤	喜肥沃、疏鬆的沙質土壤。		

形態特徵

多年生草本，株高0.5~2m。葉對生，廣披針形至倒披針形，葉緣具不規則缺刻。新葉呈金黃色，後轉為黃綠或翠綠。花頂生，白色。

應用

新葉金黃，色澤豔麗，生性強健。盆栽可用於陽台、客廳、臥室裝飾或庭院綠化；園林中常叢植或遍植觀賞。

▶花頂生，白色。

花期					
1	2	3	4	5	6
7	8	9	10	11	12

金脈爵床

Sanchezia nobilis

扦插　分株　全日照　22~30℃　喜溼潤

科名	爵床科Acanthaceae	屬名	黃脈爵床屬
別名	黃脈爵床		
原產地	祕魯和厄瓜多爾等地的南美熱帶地區。		
土壤	喜疏鬆肥沃、排水良好的沙質土壤。		

形態特徵

常綠直立灌木，株高50~80cm。葉對生，無葉柄，闊披針形，先端漸尖，基部寬楔形，葉緣具鋸齒。圓錐花序頂生，花管狀，黃色，具紅色苞片。

應用

葉脈金黃，極具觀賞價值。可於陽台、窗台等處盆栽觀賞，也可植於庭院的牆垣邊、路邊欣賞；園林中可用於路邊、水岸邊栽培。

▲葉對生，無葉柄，闊披針形。

花期					
1	2	3	4	5	6
7	8	9	10	11	12

雞爪槭

Acer palmatum

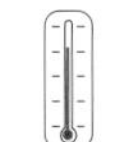

播種　嫁接　全日照　15~26℃　喜溼潤

科名	槭樹科Aceraceae	屬名	槭樹屬
別名	掌葉槭、雅楓		
原產地	日本、韓國、中國。		
土壤	不擇土壤，喜疏鬆、排水良好的土壤。		

形態特徵

落葉小喬木。葉對生，葉紙質，外貌近圓形，基部心形或近心形，5~9掌狀分裂，通常7裂，裂片長圓卵形或披針形，先端銳尖或長銳尖，邊緣具緊貼的尖銳鋸齒。繖房花序，花紫色，雜性。翅果嫩時紫紅色，成熟時淡棕黃色。

應用

葉形美觀，入秋葉色紅豔，可製作盆景用於居室美化；園林中常作風景樹。

藥用

枝葉入藥，具有行氣止痛、解毒消癰的功效。

▶葉片邊緣具尖銳鋸齒。

紅楓

Acer palmatum 'Atropureum'

嫁接

全日照

15~26℃

喜溼潤

科名	槭樹科Aceraceae	屬名	槭樹屬
原產地	栽培種。		
土壤	喜疏鬆、排水良好的土壤。		

形態特徵

落葉小喬木。葉對生，葉紙質，外貌近圓形， 基部心形或近心形，5~9片掌狀分裂，葉深紫紅色。繖房花序，翅果。

應用

葉色美觀，終年呈紫紅色，為常見的彩葉樹種。可於門廊及庭院盆栽綠化，或是於園林中栽培觀賞。

▶葉對生，呈深紫紅色。

花期

1	2	3	4	5	6
7	8	9	10	11	12

大葉紅草

Alternanthera dentata 'Rubiginosa'

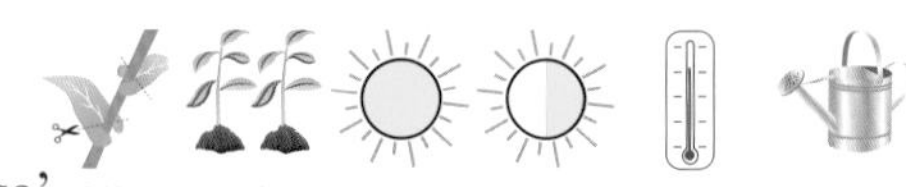

科名	莧科Amaranthaceae	屬名	蓮子草屬
別名	紅莧草、紅龍草		
原產地	栽培種。		
土壤	不擇土壤。		

形態特徵

多年生草本，株高30~50cm。嫩莖4稜形，老莖圓柱形，嫩枝及嫩葉具柔毛。葉對生，長橢圓形，先端漸尖，基部楔形，紫紅色。頭狀花序。

應用

生性強健，葉色美觀，可於陽台、書房、窗台等處盆栽觀賞。

▶葉對生，先端漸尖，紫紅色。

花期					
1	2	3	4	5	6
7	8	9	10	11	12

觀葉植物 被子植物

五色莧

Alternanthera ficoidea 'White Carpet'

扦插　分株　全日照　半日照　20~30℃　喜溼潤/較耐旱

科名	莧科Amaranthaceae	屬名	蓮子草屬
別名	法國莧		
原產地	栽培種。		
土壤	不擇土壤。		

形態特徵

多年生常綠草本，匍匐生長，株高5~15cm。葉對生，匙形，邊緣捲曲， 具白色斑紋。花小，生於腋，黃白色。

應用

盆栽可置於茶桌、書桌等處觀賞，也可植於庭院的花徑、水岸邊觀賞；園林中常用作地被植物。

▶葉對生，匙形，邊緣捲曲。

花期 1 2 3 4 5 6 7 8 9 10 11 12

綠莧草

Alternanthera paronychioides

扦插　分株　全日照　半日照　20~28℃　喜溼潤

科名	莧科Amaranthaceae	屬名	蓮子草屬
別名	綠草		
原產地	中南美洲。		
土壤	不擇土壤。		

形態特徵

多年生草本植物，株高約10 cm。葉對生，葉匙狀長披針形，稍捲曲，葉色隨季節變化，呈黃色、乳白色或淡黃色等。

應用

生性強健，葉色美觀，適合於公園、綠地的花徑邊、山石邊栽培觀賞，也適合作地被及用作鑲嵌材料。

▶葉對生，葉匙狀長披針形。

花期 1 2 3 4 5 6 7 8 9 10 11 12

紅莧草

Alternanthera paronychioides 'Picta'

扦插 分株 全日照 半日照 20~28℃ 喜溼潤

科名	莧科Amaranthaceae	屬名	蓮子草屬
別名	紅草		
原產地	栽培種。		
土壤	不擇土壤。		

形態特徵

多年生草本植物，株高約10 cm。葉對生，葉匙狀長披針形，稍捲曲，葉色隨季節變化，呈緋紅色或褐紅色。

應用

生性強健，葉色美觀，適合於公園、綠地的花徑邊、山石邊栽培觀賞，也適合作地被及用作鑲嵌材料。

▲葉對生，葉匙狀長披針形。

花期 1 2 3 4 5 6 7 8 9 10 11 12

莧

Amaranthus tricolor

科名	莧科Amaranthaceae	屬名	莧屬
別名	雁來紅、老少年		
原產地	熱帶和亞熱帶地區。		
土壤	喜疏鬆、肥沃的壤土。		

形態特徵

一年生草本，株高80~150cm。葉對生，有柄，葉片長圓形、闊卵形、長橢圓狀披針形或狹披針形，綠色、紅色、綠色雜以紅色，或具有各種彩色斑紋，先端尖，基部狹，全緣或波狀。花腋生，呈下垂的穗狀花序。胞果卵圓形，種子黑褐色。

應用

葉色多變，極為美麗。盆栽可置於陽台、窗台或庭院的花徑邊、牆垣邊觀賞；園林中常植於路邊、山石邊或作花圃材料；莖葉可食用。

▶葉片長圓形。

銀邊文殊蘭

Crinum asiaticum 'Silver-Stripe'

分株　全日照　半日照　22~28℃　喜溼潤

科名	石蒜科Amaryllidaceae	屬名	文殊蘭屬
別名	白線文殊蘭		
原產地	栽培種。		
土壤	喜疏鬆、肥沃的土壤。		

形態特徵

多年生草本植物。鱗莖長柱狀，基部膨大呈球形，葉多列，帶狀披針形，長可達1m，頂端漸尖，葉緣波狀，葉片具白色縱紋。花葶直立，幾與葉等長，繖形花序，有花10~24朵。花高腳碟狀，花被裂片線形，白色。

應用

盆栽可用於裝飾陽台、頂樓花園及臥室、客廳等處，或植於庭院的牆垣邊及路邊欣賞；園林中常群植於路邊、水岸邊觀賞。

花期	1	2	3	4	5	6
	7	8	9	10	11	12

▶葉片具白色縱紋。

銀邊蜘蛛蘭

Hymenocallis americana 'Variegata'

分球　全日照　半日照　22~28℃　喜溼潤

科名	石蒜科Amaryllidaceae	屬名	水鬼蕉屬
別名	銀邊水鬼蕉		
原產地	栽培種。		
土壤	喜疏鬆、肥沃的土壤。		

形態特徵

多年生球莖草本植物，葉10~12枚，劍形，頂端急尖，基部漸狹，深綠色，邊緣白色。花莖扁平，佛焰苞狀總苞片的基部極闊。花頂生，白色。

應用

株形美觀，葉色雅致。盆栽適合於臥室、客廳或陽台擺放觀賞，或植於庭院稍蔭蔽的路邊、牆邊觀賞。

▶花頂生，白色。

花期					
1	2	3	4	5	6
7	8	9	10	11	12

觀葉植物　被子植物

大葉仙茅

Curculigo capitulata

分株　半日照　20~30℃　喜溼潤

科名	石蒜科Amaryllidaceae	屬名	仙茅屬
別名	野棕、船仔草		
原產地	中國、台灣。		
土壤	不擇土壤，以疏鬆、排水良好的土壤為佳。		

形態特徵

多年生常綠草本植物。高約1m，具塊狀根莖。葉基生，長披針形，先端長尖，具中空的長葉柄。花梗腋生，小花黃色，聚生成頭狀花序。漿果近球形，白色。

應用

生性強健，葉大秀麗。盆栽可用於客廳、臥室或書房一隅擺放觀賞；園林中可用於林緣、水岸邊栽培。

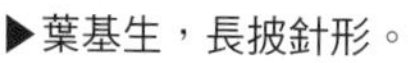

▶葉基生，長披針形。

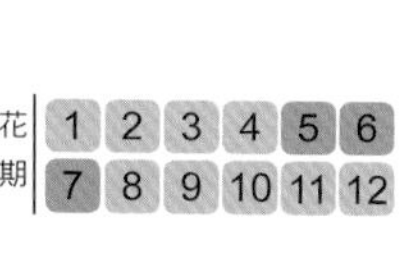

觀葉植物　被子植物

印度塔樹
Polyalthia longifolia

播種　全日照　22~32℃　喜溼潤

科名	番荔枝科Annonaceae
屬名	暗羅屬
別名	垂枝暗羅、垂枝長葉暗羅
原產地	印度、斯里蘭卡、巴基斯坦。
土壤	喜疏鬆、肥沃的沙質土壤。

形態特徵

多年生常綠喬木，株高可達8m，枝葉下垂。葉互生，狹披針形，葉緣具波狀，先端漸尖，基部楔形。花黃綠色，具清香。

應用

可用於庭院美化栽培；在印度常用作佛教用樹，為神聖的宗教樹種。

花期						
	1	2	3	4	5	6
	7	8	9	10	11	12

花葉絡石
Trachelospermum asiaticum 'Tricolor'

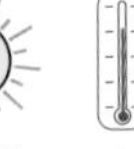

扦插　全日照　16~26℃　喜溼潤

科名	夾竹桃科Apocynaceae
屬名	絡石屬
別名	初雪葛、斑葉絡石
原產地	栽培種。
土壤	喜疏鬆、肥沃的土壤。

形態特徵

常綠木質藤本。葉革質，橢圓形至卵狀橢圓形或寬倒卵形，老葉綠色或淡綠色，新葉粉紅色，在新葉及老葉之間的葉片白色或有數對斑葉。

應用

葉色斑斕，極為美觀，適合盆栽置於公共空間裝飾；園林中常作地被植物。

花期						
	1	2	3	4	5	6
	7	8	9	10	11	12

花葉蔓長春

Vinca major 'Variegata'

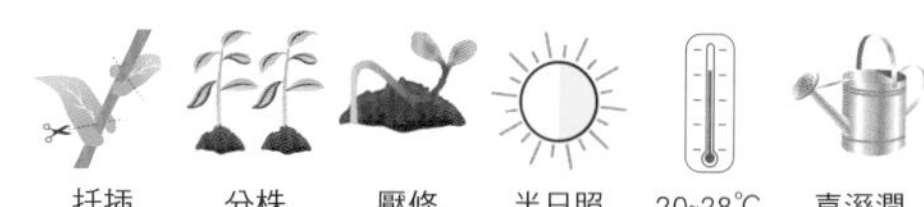

科名	夾竹桃科Apocynaceae
屬名	蔓長春花屬
別名	花葉攀纏長春花
原產地	栽培種。
土壤	喜疏鬆、肥沃的土壤。

形態特徵

蔓性常綠半灌木，蔓長50~80cm。葉橢圓形，先端急尖，基部下延，葉的邊緣白色，有黃白色斑點。花單朵腋生，花萼裂片狹披針形，花冠藍色，冠筒漏斗狀。蓇葖果。

應用

葉色光亮，具色斑，觀賞性極佳，可盆栽或懸掛栽培於陽台、客廳、書房或臥室內裝飾；園林中常用於地被。

斜紋粗肋草

Aglaonema commulatum 'San Remo'

科名	天南星科Araceae
屬名	廣東萬年青屬
原產地	栽培種。
土壤	喜疏鬆、肥沃的土壤。

形態特徵

多年生常綠草本，株高30~50cm。葉長橢圓形，先端漸尖，基部楔形，葉面具沿側脈方向分布的灰白色條斑。肉穗花序。漿果。

應用

盆栽適合客廳、臥室、書房等處擺放觀賞；園林中可用於蔽蔭的林緣、路邊及山石邊綠化。

花期	1	2	3	4	5	6
	7	8	9	10	11	12

銀皇后

Aglaonema commulatum 'Silvcr Queen'

科名	天南星科Araceae
屬名	廣東萬年青屬
別名	銀後粗肋草、銀後亮絲草
原產地	栽培種。
土壤	喜疏鬆、肥沃的土壤。

形態特徵

多年生常綠草本，株高30~50 cm。葉長橢圓形，先端漸尖，基部楔形，葉面具灰白色色塊。肉穗花序。漿果。

應用

株形美觀，葉色淡雅，觀賞性佳，為常見的盆栽觀葉植物，適合客廳、臥室、書房等處裝飾。

花期 1 2 3 4 5 6 7 8 9 10 11 12

白柄粗肋草

Aglaonema commutatum 'White Rajah'

科名	天南星科Araceae
屬名	廣東萬年青屬
別名	白雪公主
原產地	栽培種。
土壤	喜疏鬆、肥沃的土壤。

形態特徵

多年生常綠草本，株高30~50 cm，葉柄白色。葉長橢圓形，先端漸尖，基部楔形，葉面具白色斑紋。肉穗花序。漿果。

應用

葉色美觀，葉柄潔白，觀賞性極佳，常盆栽置於客廳、 臥室及書房觀賞。

觀葉植物 被子植物

白肋萬年青

Aglaonema costatum

扦插　分株　半日照　20~28℃　喜溼潤

科名	天南星科Araceae	屬名	廣東萬年青屬
別名	白肋亮絲草		
原產地	馬來西亞。		
土壤	喜疏鬆、肥沃的土壤。		

形態特徵

多年生常綠草本，株高30~50 cm。葉長橢圓形，先端漸尖，基部楔形，葉面綠色，中肋白色。肉穗花序。漿果。

應用

株形美觀，葉色淡雅，觀賞性佳，為常見的盆栽觀葉植物，可用於客廳、臥室擺放觀賞。

花期	1	2	3	4	5	6
	7	8	9	10	11	12

▶葉長橢圓形。

白寬肋斑點粗肋草

Aglaonema costatum 'Foxii'

科名	天南星科Araceae
屬名	廣東萬年青屬
原產地	栽培種。
土壤	喜疏鬆、肥沃的土壤。

形態特徵

多年生常綠草本，株高30~50 cm，葉柄白色。葉長橢圓形，先端漸尖，基部楔形，葉面具白色斑紋。肉穗花序。漿果。

應用

葉色秀雅，觀賞性佳，為優良的觀葉植物，盆栽適合置於客廳、臥室及桌上觀賞。

花期 1 2 3 4 5 6 7 8 9 10 11 12

雅麗皇后

Aglaonema 'Pattaya Beauty'

科名	天南星科Araceae
屬名	廣東萬年青屬
原產地	栽培種。
土壤	喜疏鬆、肥沃的土壤。

形態特徵

多年生常綠草本，株高30~50 cm。葉長橢圓形，先端漸尖，基部楔形，葉面綠色，沿中肋布有灰白色斑塊。肉穗花序。漿果。

應用

葉色秀雅，觀賞性佳，適合盆栽置於客廳、臥室、書房及桌上擺放觀賞。

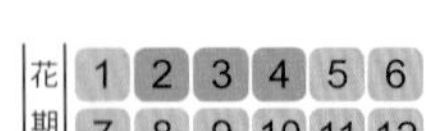

粗肋草
Aglaonema modestum

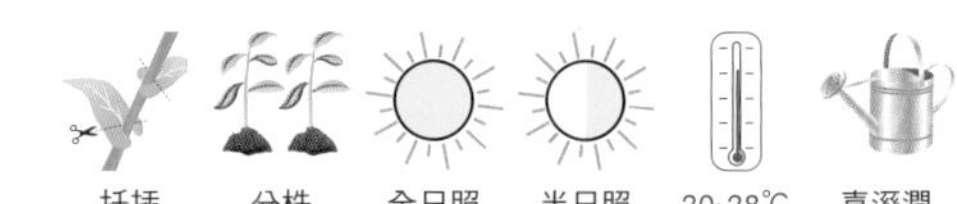

科名	天南星科Araceae
屬名	廣東萬年青屬
別名	廣東萬年青、亮絲草
原產地	中國、越南、菲律賓。
土壤	不擇土壤。

形態特徵

多年生常綠草本，株高40~70 cm。莖直立不分枝，節間明顯。葉互生，卵狀披針形或長橢圓形，深綠色，有光澤。葉柄長，基部成鞘狀。佛焰苞淡綠色。

應用

可盆栽置於客廳、臥室及書房等處觀賞；園林中常用於水岸邊、山石邊或路邊栽培。

觀音蓮
Alocasia amazonica

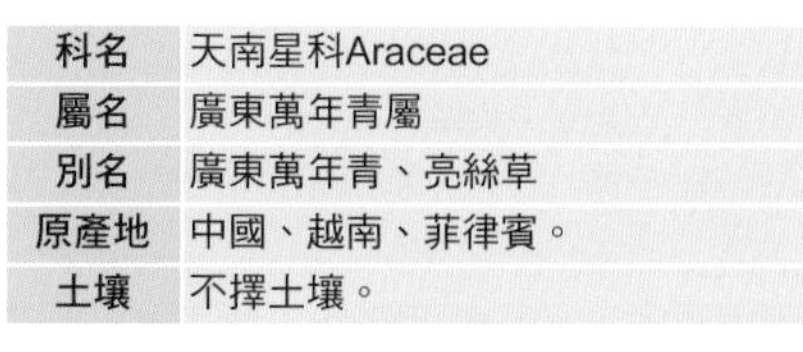

科名	天南星科Araceae
屬名	海芋屬
別名	美葉芋、黑葉觀音蓮
原產地	亞洲熱帶。
土壤	喜疏鬆、肥沃的土壤。

形態特徵

多年生常綠草本。葉箭形盾狀，先端尖，葉緣具齒狀缺刻，葉面墨綠色，葉脈銀白色，葉背紫褐色。花序肉穗狀，佛焰苞白色。

應用

適合盆栽置於客廳、臥室、餐枯、書房等處裝飾。

台灣姑婆芋

Alocasia cucullata

分球　分株　半日照　22~28℃　喜溼

科名	天南星科Araceae	屬名	海芋屬
別名	老虎芋、尖尾芋		
原產地	中國、台灣、東南亞。		
土壤	喜疏鬆的土壤。		

形態特徵

多年生草本。葉片膜質至亞革質，深綠色，背稍淡，寬卵狀心形，先端驟狹具凸尖，基部圓形。花常單生，佛焰苞近肉質，淡綠至深綠色，肉穗花序。漿果。

應用

盆栽可置於陽台、客廳等處裝飾，也適合在庭院的水池邊栽培觀賞。

藥用

全株入藥，具有清熱解毒、消腫鎮痛的功效。

花期						
	1	2	3	4	5	6
	7	8	9	10	11	12

▶葉寬卵狀心形。

姑婆芋

Alocasia macrorrhiza

播種　扦插　分株　全日照　半日照　18~28℃　喜溼潤

科名	天南星科Araceae	屬名	海芋屬
別名	海芋、滴水觀音、廣東狼毒		
原產地	中國。		
土壤	不擇土壤。		

形態特徵

常綠草本植物，具匍匐根莖。葉多數，螺旋狀排列，葉片亞革質，草綠色，箭狀卵形，邊緣波狀。花序柄圓柱形，佛焰苞管部綠色，花黃綠色、綠白色，肉穗花序芳香。漿果紅色，卵形。

應用

葉大美觀，生性強健，室內常用於臥室、客廳等處盆栽裝飾，小盆栽也適合桌上擺放觀賞。

藥用

根莖入藥，具有清熱解毒、散結消火的功效；芋莖、葉有毒，誤食嚴重可致死，汁液入眼會引起失明。

▶漿果紅色。

掌裂花燭

Anthurium pedatoradiatum ssp. *pedatoradiatum*

扦插　分株　半日照　22~30℃　喜溼潤

科名	天南星科Araceae	屬名	花燭屬
別名	趾葉花燭		
原產地	美洲熱帶地區。		
土壤	不擇土壤。		

形態特徵

多年生常綠草本，株高40~60 cm。 葉外形為心形或闊卵形，常裂，裂片先端尖，葉基心形。

應用

生性強健 ，葉形美觀。盆栽可用於廳堂擺放觀賞；園林中可植於蔭蔽的林下、路邊、水岸邊等處觀賞。

▶葉外形為心形或闊卵形。

觀葉植物　被子植物

水晶花燭

Anthurium crystallinum

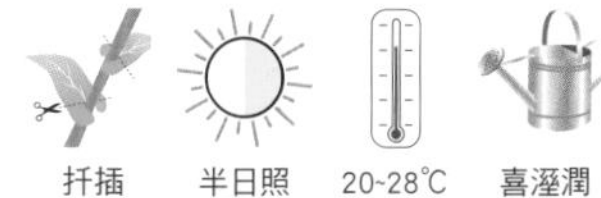

科名	天南星科Araceae	屬名	花燭屬
原產地	祕魯、哥倫比亞。		
土壤	喜疏鬆、肥沃的土壤。		

形態特徵

多年生常綠草本，株高40~60 cm。葉心形或闊卵形，先端尖，基部凹入，葉色濃綠，葉脈白色。

應用

可於陽台、窗台、臥室、書房或客廳等處盆栽觀賞；園林中可植於蔭蔽的水岸邊欣賞。

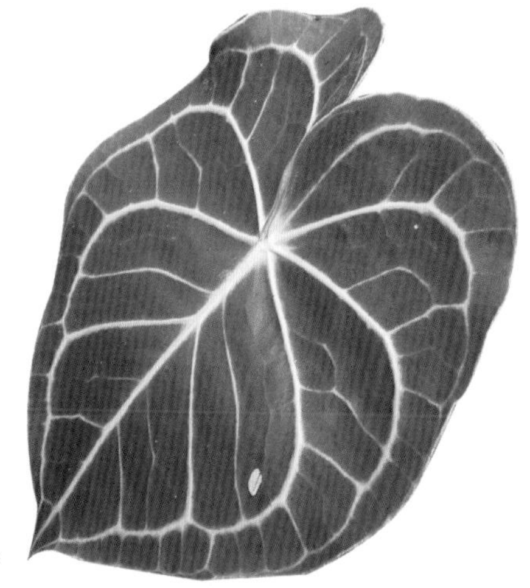

▶葉色濃綠，葉脈白色。

花期					
1	2	3	4	5	6
7	8	9	10	11	12

彩葉芋

Caladium bicolor

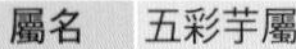

分球　分株　半日照　22-30℃　喜溼潤

科名	天南星科Araceae	屬名	五彩芋屬
別名	花葉芋、兩色芋		
原產地	西印度群島、巴西。		
土壤	喜疏鬆、排水良好的沙質土壤。		

形態特徵

多年生常綠草本，株高30~50 cm。基生葉，心形或箭形，綠色，具白色或紅色斑點。佛焰苞白色，肉穗花序黃至橙黃色。

應用

葉色多變，品種繁多，極為美麗，常盆栽置於臥室、客廳、餐廳等處觀賞。

▶基生葉心形或箭形。

花期	1	2	3	4	5	6
	7	8	9	10	11	12

羅氏竹芋
Calathea loeseneri

分株　半日照　22~28℃　喜溼潤

科名	天南星科Araceae
屬名	肖竹芋屬
原產地	南美洲。
土壤	喜疏鬆、排水良好的土壤。

形態特徵

多年生常綠草本，株高可達1m。葉長卵形，先端尖，基部楔形，具柄，主葉脈兩邊呈黃色。花序頭狀，單生，花白色。

應用

盆栽可置於陽台、窗台等處觀賞，也是庭院綠化的優良材料。

花期						
	1	2	3	4	5	6
	7	8	9	10	11	12

帝王羅氏竹芋
Calathea louisae 'Emperor'

分株　半日照　22~28℃　喜溼潤

科名	天南星科Araceae
屬名	肖竹芋屬
原產地	栽培種。
土壤	喜疏鬆、肥沃的土壤。

形態特徵

多年生常綠草本，株高約40cm。葉長卵形，先端尖，基部楔形，全緣，葉面具白色或淡黃色塊斑，葉背紫色。蒴果。

應用

盆栽可裝飾臥室、書房、餐廳、陽台、天台等處，或植於庭院的花圃、頂樓花園等處；園林中可植於蔽蔭的路邊、水岸邊、假山石邊栽培。

青蘋果竹芋

Calathea orbifolia

科名	天南星科Araceae
屬名	肖竹芋屬
別名	圓葉竹芋、蘋果竹芋
原產地	熱帶美洲。
土壤	喜疏鬆肥沃、排水良好、富含有機質的酸性腐植土或泥炭土。

形態特徵

多年生常綠草本，株高40~60cm。葉片大，薄革質，卵圓形，葉緣呈波狀，先端鈍圓。新葉翠綠色，老葉青綠色，有隱約的金屬光澤，沿側脈有排列整齊的銀灰色寬條紋。花序穗狀。

應用

葉片圓潤，葉大美觀，為著名的觀葉植物品種。多盆栽，用於布置廳堂、臥室、書房等處。

綠羽竹芋

Calathea princeps

科名	天南星科Araceae
屬名	肖竹芋屬
別名	綠道竹芋
原產地	南美洲。
土壤	喜疏鬆、肥沃的土壤。

形態特徵

多年生常綠草本，株高可達1m。葉長橢圓形，先端尖，基部楔形，葉脈及葉緣濃綠色，側脈間呈淺黃綠色，葉背淡紫紅色。

應用

盆栽用於臥室、客廳、窗台及桌上欣賞，也適合庭院及園林的路邊、林緣或山石邊栽培觀賞。

彩虹竹芋

Calathea roseopicta

科名	天南星科Araceae
屬名	肖竹芋屬
別名	玫瑰竹芋
原產地	巴西。
土壤	喜疏鬆、肥沃的土壤。

形態特徵

多年生常綠草本，株高30~60 cm。葉橢圓形或卵圓形，葉薄革質，葉面青綠色，葉兩側具羽狀暗綠色斑塊，近葉緣處有一圈玫瑰色或銀白色環形斑紋。

應用

葉色豔麗，為優良的觀葉植物，多盆栽，用於臥室、客廳、窗台及桌上欣賞，也可用於觀光溫室栽培。

波浪竹芋

Calathea rufibara 'Wavestar'

科名	天南星科Araceae
屬名	肖竹芋屬
別名	浪星竹芋、浪心竹芋
原產地	栽培種。
土壤	喜肥沃、排水良好的腐葉土或泥炭土。

形態特徵

多年生常綠草本，株高20~50 cm。葉叢生，葉基稍歪斜，葉緣波狀，具光澤。葉背、葉柄為紫色。花黃色。

應用

株形美觀，多盆栽置於臥室、客廳、書房等處觀賞，或用於庭院蔭蔽的路邊或一隅栽培觀賞。

花期	1	2	3	4	5	6
	7	8	9	10	11	12

孔雀竹芋

Calathea makoyana

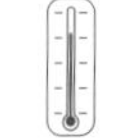

分株 全日照 半日照 22~28℃ 喜溼潤

科名	天南星科Araceae
屬名	肖竹芋屬
別名	孔雀肖竹芋
原產地	巴西。
土壤	喜疏鬆、肥沃的土壤。

形態特徵

多年生常綠草本，株高20~60 cm。葉柄紫紅色。葉片薄革質，卵狀橢圓形，黃綠色，在主脈側交互排列有羽狀暗綠色的長橢圓形斑紋，對應的葉背為紫色。

應用

葉色豔麗奇特，為著名的觀葉植物，常盆栽置於窗台、客廳、陽台等處觀賞。

豔錦竹芋

Calathea oppenheimiana 'Tricolor'

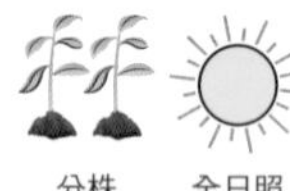

分株 全日照 半日照 22~28℃ 喜溼潤

科名	天南星科Araceae
屬名	錦竹芋屬
別名	三節櫛花竹芋
原產地	栽培種。
土壤	喜疏鬆、排水良好的土壤。

形態特徵

多年生宿根草本，株高40~60 cm。基生葉叢生，葉片具長柄，葉片披針形至長橢圓形，紙質，全緣。葉面散生有銀灰色、淺灰、乳白、淡黃及黃色斑塊或斑紋，葉背紫紅色。

應用

盆栽可置於陽台、窗台、客廳等處裝飾，也適合庭院栽培；園林中常群植或遍植。

豹紋竹芋

Maranta leuconeura

科名	天南星科Araceae
屬名	肖竹芋屬
別名	小孔雀竹芋
原產地	巴西。
土壤	喜疏鬆、排水良好的土壤。

形態特徵

多年生常綠草本，植株矮小，約20cm。葉闊卵形，先端尖，基部楔形，具柄，主葉脈兩邊具排列整齊的暗褐色斑。花小，白色。

應用

葉色奇特，極美觀，為優良的觀葉植物。盆栽可置於窗台、陽台、桌上觀賞。

紅背竹芋

Stromanthe sanguinea

科名	天南星科Araceae
屬名	花竹芋屬
別名	紫背竹芋
原產地	巴西。
土壤	喜富含腐植質、排水良好的沙質土壤。

形態特徵

多年生常綠草本，株高30~100 cm，有時可達150cm。葉基生，葉柄短，葉長橢圓形至寬披針形，葉正面綠色，背面紫紅色。圓錐花序，苞片及萼片紅色，花白色。

應用

葉色美觀，花豔麗。盆栽適合置於廳堂或走廊等處點綴，或是植於庭院、公園牆垣邊及假山石邊觀賞。

水竹芋

Thalia dealbata

分株　全日照　20~30℃　水生

科名	天南星科Araceae	屬名	水竹芋屬
別名	再力花、水蓮蕉		
原產地	墨西哥及美國東南部地區。		
土壤	喜微酸性至中性土壤。		

形態特徵

多年生常綠草本，株高1~2m。葉灰綠色，長卵形或披針形，全緣，葉柄極長，近葉基部暗紅色。穗狀圓錐花序，小花多數，花紫紅色。

應用

葉大，翠綠，株形美觀，可用於庭院的水景綠化；園林中常用於公園、綠地等水體綠化。

▶葉灰綠色，長卵形或披針形。

花期					
1	2	3	4	5	6
7	8	9	10	11	12

紫芋

Colocasia tonoimo

分株　塊莖　半日照　22~30℃　喜溼

科名	天南星科Araceae	屬名	芋屬
別名	芋頭花、廣菜、東南菜		
原產地	中國。		
土壤	不擇土壤。		

形態特徵

多年生球莖植物，球莖粗厚。葉片1~5枚，由球莖頂部抽出。葉片盾狀，卵狀箭形，深綠色，基部具彎缺，側脈粗壯，邊緣波形。花序由葉腋抽出，可抽生3~8枝。佛焰苞黃色。

應用

葉大，翠綠，株形美觀，可用於庭院的水景綠化；園林中常用於公園、綠地等水體綠化。

▶葉片盾狀，深綠色。

花期					
1	2	3	4	5	6
7	8	9	10	11	12

黛粉葉

Dieffenbachia amoena 'Camilla'

分株　扦插　全日照　半日照　20~28°C　喜溼潤

科名	天南星科Araceae	屬名	花葉萬年青屬
別名	白玉黛粉葉		
原產地	栽培種。		
土壤	喜疏鬆、肥沃的沙質土壤。		

形態特徵

多年生常綠草本，株高約50cm。莖直立，節間較短，葉長橢圓形，先端漸尖，基部楔形，葉中心為大塊黃白色斑塊，邊緣綠色。

應用

葉大，黃白色塊斑極為顯著，為優良的觀葉植物。盆栽適合置於臥室、客廳、餐廳等處裝飾。

▶葉長橢圓形，先端漸尖。

花期	1	2	3	4	5	6
	7	8	9	10	11	12

花葉萬年青

Dieffenbachia picta

分株　扦插　半日照　20~28℃　喜溼潤

科名	天南星科Araceae	屬名	花葉萬年青屬
別名	細斑粗肋草、銀斑萬年青		
原產地	南美洲。		
土壤	不擇土壤。		

形態特徵

多年生常綠草本，株高可達1m。葉大，集生莖端部，長橢圓形，全緣，葉面深綠色，具白色或淡黃色不規則的斑塊。佛焰苞卵圓形，綠色，肉穗花序圓柱形。

應用

葉大秀麗，可盆栽置於客廳、書房、臥室等處布置觀賞。

藥用

汁液有毒，取用時不要讓汁液接觸皮膚或誤入口中。

▲葉具白色或淡黃色不規則的斑塊。

花期 1 2 3 4 5 6 7 8 9 10 11 12

麒麟尾

Epipremnum pinnatum

扦插　全日照　半日照　20~28℃　喜溼潤

科名	天南星科Araceae	屬名	麒麟葉屬
別名	麒麟葉、上樹龍、百足藤		
原產地	中國。		
土壤	不擇土壤。		

形態特徵

常綠藤本植物，蔓長可達10m以上，多分支。葉薄革質，幼葉狹披針形或披針狀長圓形，基部淺心形，成熟葉長圓形，基部寬心形，兩側不等羽狀深裂，裂片線形，基部和頂端等寬或略狹。花序柄圓柱形，佛焰苞外面綠色，內面黃色，肉穗花序。種子腎形。

▲莖葉入藥，具有消腫止痛的功效。

應用

盆栽可置於客廳、臥室等處欣賞；園林中常用於山石及樹幹的綠化。

藥用

莖葉入藥，具有消腫止痛的功效。

花期					
1	2	3	4	5	6
7	8	9	10	11	12

觀葉植物　被子植物

千年健

Homalomena occulta

分株　全日照　半日照　20~28°C　喜溼潤

科名	天南星科Araceae	屬名	千年健屬
別名	平絲草		
原產地	中國、越南、泰國。		
土壤	不擇土壤。		

形態特徵

多年生草本。葉片膜質至紙質，箭狀心形至心形，先端驟狹漸尖，基部心形。花序柄短於葉柄，佛焰苞綠白色，盛花時上部略展開呈短舟狀，肉穗花序。漿果。

應用

盆栽置於客廳、臥室可美化環境；園林中可栽培於林下、路邊等處觀賞。

藥用

根莖可入藥，用於跌打損傷、骨折、風溼、胃痛等治療。

▲葉箭狀心形至心形。

花期					
1	2	3	4	5	6
7	8	9	10	11	12

小龜背芋

Monstera adansonii

科名	天南星科Araceae	屬名	龜背芋屬
原產地	墨西哥。		
土壤	以肥沃、排水良好的沙質土壤為佳。		

形態特徵

多年生草本，株高約30cm，葉全緣或羽狀裂葉，葉中有不規則的孔洞，葉面光亮，綠色。肉穗花序，漿果。

應用

株形小巧，葉片奇特。盆栽可置於臥室、書房、客廳及陽台等處綠化觀賞。

▶葉全緣或羽狀裂葉。

花期

1	2	3	4	5	6
7	8	9	10	11	12

龜背芋

Monstera deliciosa

扦插　半日照　20~28℃　喜溼潤

科名	天南星科Araceae	屬名	龜背芋屬
別名	蓬萊蕉、電線蘭、電線蓮		
原產地	墨西哥、中美洲。		
土壤	以肥沃、排水良好的沙質土壤為佳。		

形態特徵

多年生常綠蔓性藤本。葉大型，厚革質，葉心形或歪斜長卵形，全緣或羽狀深裂，葉片上有不規則的孔洞，表面發亮，淡綠色，背面綠白色。肉穗花序，淡黃色。漿果。

應用

葉奇特，具光澤。盆栽可置於客廳、陽台或臥室等處欣賞；園林中可植於山石旁任其攀爬。花序可食，常具麻味。

▶肉穗花序淡黃色。

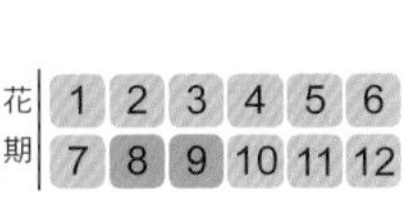

白斑葉龜背芋

Monstera deliciosa ' Albo Variegata'

播種

扦插

半日照

20~28℃

喜溼潤

科名	天南星科Araceae	屬名	龜背芋屬
原產地	栽培種。		
土壤	土質以肥沃、排水良好的沙質土壤為佳。		

形態特徵

多年生草本，株高約20cm。葉全緣或羽狀裂葉，葉中有不規則的孔洞，葉面光亮，具白色條斑。肉穗花序。漿果。

應用

葉片奇特，觀賞性更佳。盆栽可用於臥室、書房、客廳等處綠化，或用於庭院的山石處栽培。

▶葉全緣或羽狀裂葉。

花期					
1	2	3	4	5	6
7	8	9	10	11	12

仙洞萬年青

Monstera obliqua var. *expilata*

科名	天南星科Araceae	屬名	龜背竹屬
別名	窗孔龜背芋、迷你龜背芋		
原產地	哥斯大黎加。		
土壤	喜土質肥沃、排水透氣性能良好的土壤。		

形態特徵

多年生蔓性草本。莖基部多節，多有分支，葉片鮮綠，紙質，卵狀橢圓形，葉片上有數量不等的穿孔。肉穗花序。漿果。

應用

株形小巧，葉形奇特，多盆栽，適合臥室、客廳、書房、陽台及餐廳擺放觀賞；切葉可用於插花。

▶葉片上有數量不等的穿孔。

金鑽蔓綠絨

Philodendron 'Con-go'

分株 半日照 22~28℃ 喜溼潤

科名	天南星科Araceae	屬名	喜林芋屬
原產地	栽培種。		
土壤	喜疏鬆、肥沃的沙質土壤。		

形態特徵

多年生常綠草本，株高50cm。葉大，長橢圓形，先端漸尖，基部楔形，具長柄，綠色。

應用

葉色青翠，大盆栽適合置於客廳、臥室等處觀賞，小盆栽可置於桌上裝飾。

▲葉大，長橢圓形。

花期						
	1	2	3	4	5	6
	7	8	9	10	11	12

觀葉植物 被子植物

小天使

Philodendron 'Xanadu'

科名	天南星科Araceae	屬名	喜林芋屬
別名	佛手蔓綠絨		
原產地	美洲熱帶地區。		
土壤	喜通風，富含腐植質的土壤。		

形態特徵

多年生常綠草本，株高30~50 cm。葉外緣呈披針形，羽狀裂葉，葉緣不規則淺裂至深裂，革質，濃綠色。肉穗花序。漿果。

應用

葉片美觀，四季常綠。盆栽可用於裝飾客廳、陽台、窗台等處，也適合置於桌上欣賞；園林中常植於林下或蔭蔽的路邊。

▶葉外緣呈披針形，羽狀裂葉。

觀葉植物 被子植物

綠寶石喜林芋

Philodendron erubescens 'Green Emerald'

扦插　分株　半日照　22~28℃　喜溼潤

科名	天南星科Araceae	屬名	喜林芋屬
別名	綠帝王		
原產地	巴西。		
土壤	喜疏鬆、肥沃、富含腐植質的土壤。		

形態特徵

多年生常綠草質藤本，節具氣生根。葉片長心形，大型，質稍硬，葉鮮綠，具光澤。葉柄、葉背和新稍為鮮綠色。肉穗花序，漿果。

應用

葉大秀麗，盆栽可置於客廳、臥室等處裝飾，或用於庭院的樹幹、山石等綠化；園林中常於附石、附樹栽培。

▲葉片長心形。

花期

紅柄蔓綠絨

Philodendron erubescens 'Red Emerald'

科名	天南星科Araceae	屬名	喜林芋屬
別名	紅寶石、紅寶石喜林芋		
原產地	巴西。		
土壤	喜疏鬆、肥沃、富含腐植質的土壤。		

形態特徵

多年生常綠草質藤本，節具氣生根，葉片長心形，大型，質稍硬，暗綠色，具光澤。葉柄、葉背和新稍部分為暗紅色。肉穗花序。漿果。

應用

葉大，色澤美觀，極具熱帶風情。盆栽可置於客廳、臥室、書房等處綠美化。園林中常用於牆垣、樹幹的垂直綠化。

▲葉片長心形。

團扇蔓綠絨

Philodendron grazielae

扦插　分株　半日照　20~28℃　喜溼潤

科名	天南星科Araceae	屬名	喜林芋屬
原產地	祕魯、巴西。		
土壤	喜疏鬆、肥沃的沙質土壤。		

形態特徵

多年生常綠蔓性草本，葉大，卵圓形，先端尖，基部心形，葉脈明顯，葉面綠色。肉穗花序。漿果。

應用

葉大美觀，四季常綠，是優良的蔓性觀葉植物。多盆栽置於客廳、臥室、陽台及書房等處裝飾觀賞。

▶葉大卵圓形。

花期					
1	2	3	4	5	6
7	8	9	10	11	12

觀葉植物　被子植物

泡泡蔓綠絨

Philodendron martianum

科名	天南星科Araceae	屬名	喜林芋屬
別名	立葉蔓綠絨		
原產地	圭亞那、巴西。		
土壤	喜疏鬆、肥沃、富含腐植質的土壤。		

形態特徵

株型直立，莖短縮，生長緩慢。葉片披針形，葉端漸尖，葉基鈍圓，革質，全緣，鮮綠色。肉穗花序。漿果。

應用

葉柄奇特，耐蔭性好。盆栽可置於臥室、客廳及陽台等處欣賞；園林中可用於陰蔽的園路邊及水岸邊栽培。

▶葉片披針形，葉端漸尖。

花期					
1	2	3	4	5	6
7	8	9	10	11	12

心葉蔓綠絨

Philodendron oxycardium

科名	天南星科Araceae	屬名	喜林芋屬
別名	圓葉蔓綠絨		
原產地	巴西、牙買加、西印度群島。		
土壤	不擇土壤。		

形態特徵

多年生常綠蔓性植物，莖具氣生根，需攀附他物生長。葉片呈心形，先端漸尖，基部心形。佛焰苞綠色，一般較少開花；肉穗花序。漿果。

應用

植株具有熱帶風情，盆栽可置於客廳、臥室、餐廳等處裝飾或用於庭院的牆面栽培觀賞；園林中適合附於牆垣、樹幹垂直綠化。

▶葉片呈心形，先端漸尖。

花期					
1	2	3	4	5	6
7	8	9	10	11	12

琴葉樹藤

Philodendron panduriforme

扦插　半日照　20~28℃　喜溼潤

科名	天南星科Araceae	屬名	喜林芋屬
別名	琴葉喜林芋		
原產地	巴西。		
土壤	不擇土壤。		

形態特徵

多年生常綠蔓性草本，具氣生根。葉戟形，薄革質，先端鈍尖，基部心形，綠色，具光澤。肉穗花序。漿果。

應用

葉形奇特，生性強健，為優良的觀葉植物。盆栽適合置於客廳、書房及餐廳等處美化觀賞；園林中可用於垂直綠化。

▶葉戟形，薄革質。

花期					
1	2	3	4	5	6
7	8	9	10	11	12

心葉綠蘿

Philodendron scandans

科名	天南星科Araceae	屬名	喜林芋屬
土壤	喜疏鬆、肥沃的土壤。		

形態特徵

多年生常綠蔓性草本，具氣生根。葉卵圓形，厚革質，先端漸尖，基部心形，綠色。肉穗花序。漿果。

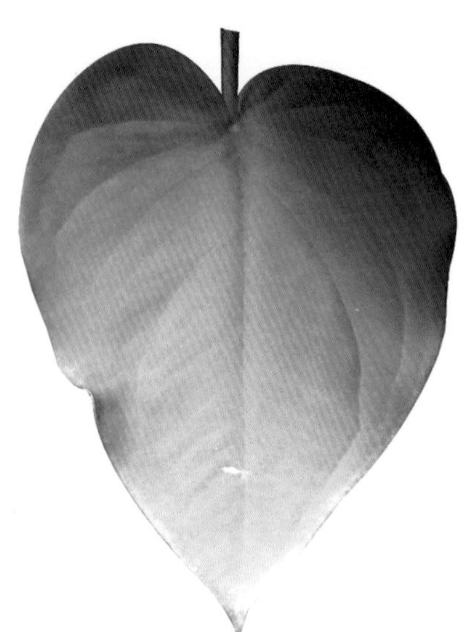

▶葉卵圓形。

應用

植株具有熱帶風情，盆栽可置於客廳、臥室、餐廳等處裝飾或用於庭院的牆面栽培觀賞；園林中適合附於牆垣、樹幹垂直綠化。

花期					
1	2	3	4	5	6
7	8	9	10	11	12

羽裂蔓綠絨

Philodendron selloum

扦插　半日照　20~28℃　喜溼潤

科名	天南星科Araceae	屬名	喜林芋屬
別名	羽裂喜林芋、春羽		
原產地	巴西。		
土壤	喜肥沃、疏鬆和排水良好的微酸性沙質土壤。		

形態特徵

多年生常綠草本。葉片生於莖的頂端，為寬心臟形，羽狀深裂，葉柄粗壯，較長。葉綠色。肉穗花序總梗甚短；花單性，無花被。漿果。

應用

株形美觀，葉姿秀麗，適合於室內廳堂擺設；切葉可用於大型插花作品；園林中常用於水岸邊栽培觀賞。

▶肉穗花序總梗甚短。

花期	1	2	3	4	5	6
	7	8	9	10	11	12

觀葉植物　被子植物

希望蔓綠絨

Philodendron sp.

扦插　半日照　22~28℃　喜溼潤

科名	天南星科Araceae	屬名	喜林芋屬
原產地	栽培種。		
土壤	喜疏鬆的沙質土壤。		

形態特徵

多年生常綠草本，株高約120cm。葉片生於莖的頂端，為寬心臟形，幼葉淺裂，成熟葉深裂，葉柄粗壯，葉綠色。肉穗花序。漿果。

應用

葉大秀麗，盆栽可置於臥室、客廳等處綠化裝飾，也適合庭院稍蔭蔽的環境栽培。

▶葉為寬心臟形，成熟葉深裂。

水芙蓉

Pistia stratiotes

科名	天南星科Araceae	屬名	大薸屬
別名	大薸、大萍、水蓮		
原產地	熱帶美洲。		
土壤	不擇土壤。		

形態特徵

多年生漂浮性水生草本植物。葉呈蓮座狀，倒卵形或扇形，直立，波狀緣，葉面有數條縱紋。雌雄同株，花小，生於葉腋，綠色。

▲葉呈蓮座狀，倒卵形或扇形。

應用

株形美觀，生性強健。盆栽可置於窗台、陽台及桌上裝飾；園林中常用於水體綠化；全株可作為豬飼料。

藥用

全株入藥，外敷可治腫毒，煮水可治汗癍、消跌打腫痛等症，剪水內服可治水腫、小便不利。

花期						
	1	2	3	4	5	6
	7	8	9	10	11	12

觀葉植物 被子植物

黃金葛

Scindapsus aureus

扦插　半日照　20~28℃　喜溼潤

科名	天南星科Araceae	屬名	長春芋屬
別名	綠蘿		
原產地	所羅門群島。		
土壤	喜疏鬆、富含有機質的微酸性和中性沙質土壤。		

形態特徵

多年生常綠藤本。葉紙質，寬卵形，基部心形。成熟枝上葉卵狀長橢圓形或心形，薄革質；葉深綠色，光亮，具不規則條紋或黃斑點，全緣。肉穗花序。

應用

可盆栽擺於室內的書桌、陽台或窗台等處觀賞，大型綠蘿柱可裝飾臥室、書房或客廳。

藥用

莖葉供藥用，消腫止痛；對有定氣體如甲醛具一定的吸收能力。

▶成熟枝上葉卵狀長橢圓形或心形。

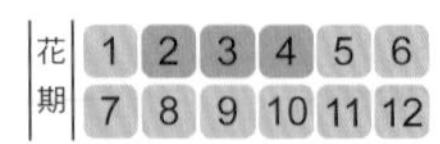

金葉葛

Scindapsus aureum 'All Gold'

科名	天南星科Araceae	屬名	長春芋屬
原產地	栽培種。		
土壤	喜富含腐植質、疏鬆肥沃、微酸性的土壤。		

形態特徵

常綠草質藤本，下側葉片較大。葉卵形至長卵形，先端漸尖，基部心形，葉黃色至黃綠色。肉穗花序。

應用

盆栽多置於客廳、臥室、書房等處觀賞，也可吊盆懸於陽台或書櫃等處栽培；對有定氣體如甲醛具一定吸收能力。

▶葉卵形至長卵形。

星點藤

Scindapsus pictus

扦插　半日照　20~28℃　喜溼潤

科名	天南星科Araceae	屬名	長春芋屬
原產地	印尼、菲律賓。		
土壤	喜疏鬆、排水良好的微酸性土壤。		

形態特徵

多年生常綠藤本。葉長圓形，葉端突尖，葉綠色，質厚，葉面布滿銀色斑點或斑塊。葉緣白色，葉背深綠色。

應用

株形美觀，葉形奇特。可用吊盆或附著在蛇木柱上栽培欣賞，或是置於客廳及陽台裝飾。

▲葉長圓形，葉端突尖。

綠巨人

Spathiphyllum floribundum 'Maura Loa'

分株　半日照　22~30℃　喜溼潤

科名	天南星科Araceae	屬名	苞葉芋屬
別名	綠巨人白掌		
原產地	南美洲的哥倫比亞。		
土壤	喜富含腐植質、排水良好的中性或微酸性土壤。		

形態特徵

多年生常綠草本，株高80~130 cm。葉呈蓮座狀基生，闊橢圓形，頂端急尖，厚革質，有光澤，全緣。佛焰苞腋生，長勺狀。花苞碩大，初開時花色潔白，後轉綠色。

應用

葉大美觀，為著名的觀葉植物。盆栽適合置於臥室、客廳等處觀賞，或植於庭院較蔭蔽的樹下或水景邊栽培。

▲葉呈蓮座狀基生。

花期：1 2 3 4 5 6 7 8 9 10 11 12

合果芋

Syngonium podophyllum

科名	天南星科Araceae	屬名	合果芋屬
別名	箭葉芋、絲素藤、白蝴蝶		
原產地	中、南美洲熱帶雨林。		
土壤	喜肥沃、疏鬆、排水良好的微酸性土壤。		

形態特徵

多年生常綠藤本植物。葉互生，幼葉箭形或戟形，淡綠色，老葉為掌狀葉，多裂，深綠色。肉穗狀花序，花序外有佛焰苞包被，其內部紅色或白色，外部綠色。合果芋園藝品種極多，有白蝶合果芋、紅粉佳人等。

應用

株形美觀，葉形奇特，常盆栽，可置於書桌、餐桌等處栽培觀賞，成株可裝飾於庭院的牆壁、山石垂直綠化。

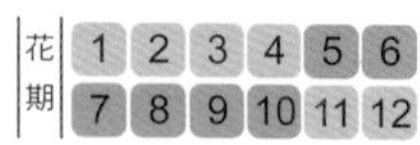

▶紅粉佳人。

觀葉植物 被子植物

絨葉合果芋

Syngonium wendlandii

扦插　半日照　20~28℃　喜溼潤

科名	天南星科Araceae	屬名	合果芋屬
別名	銀脈合果芋		
原產地	哥斯大黎加。		
土壤	喜肥沃、疏鬆、排水良好的微酸性土壤。		

形態特徵

多年生常綠藤本植物。葉箭形，淡綠色，先端漸尖，基部心形，葉脈外具白色斑紋。肉穗狀花序。漿果。

應用

色澤美觀，多盆栽，適合於臥室、餐桌、洗手間等室內空間作綠化裝飾。

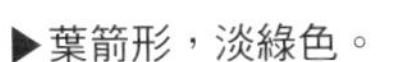

▶葉箭形，淡綠色。

觀葉植物　被子植物

金錢樹

Zamioculcas zamiifolia

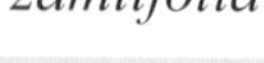

扦插　分株　半日照　20~30℃　喜溼/耐旱

科名	天南星科Araceae	屬名	雪鐵芋屬
別名	澤米芋、金幣樹、雪鐵芋		
原產地	非洲東部。		
土壤	喜疏鬆肥沃、排水良好、富含有機質酸性至微酸性土壤。		

形態特徵

多年生常綠草本植物，株高30~50cm。羽狀複葉自塊莖頂端抽生，小葉在葉軸上呈對生或近對生，小葉卵形，全緣，厚革質，先端急尖，有光澤。花瘦小，淺綠色。

應用

可盆栽置於臥室、客廳、飯店大廳、客房及辦公室等處美化欣賞。

▶小葉卵形，全緣，厚革質。

觀葉植物　被子植物

孔雀木

Dizygotheca elegantissima

扦插　高壓　全日照　半日照　20~28℃　喜溼潤

科名	五加科Araliaceae	屬名	孔雀木屬
別名	手樹		
原產地	澳大利亞、太平洋諸島。		
土壤	喜疏鬆、肥沃的土壤。		

形態特徵

常綠小喬木或灌木。葉面革質，暗綠色，互生，葉片掌狀，具粗鋸齒的葉緣，呈放射狀著生。

應用

盆栽可置於臥室、客廳、書房或餐廳裝飾，也可於庭院一隅或山石水景邊栽培觀賞。

▲葉面革質，暗綠色。

八角金盤

Fatsia japonica

播種　扦插　高壓　半日照　15~25℃　喜溼潤

科名	五加科Araliaceae	屬名	八角金盤屬
別名	手樹		
原產地	日本。		
土壤	喜肥沃、疏鬆的中性至微酸性土壤。		

形態特徵

常綠灌木或小喬木，株高約2m。葉掌狀，大型，革質有光澤，深裂，裂片為卵狀長橢圓形，葉色濃綠，背面灰綠色，葉緣具小齒。圓錐形聚繖花序頂生，花兩性、黃白色。漿果。

應用

株形美觀，為常見的觀葉植物，盆栽可置於客廳、窗台、陽台等光線較為充足的地方養護，或植於庭院、牆垣邊觀賞。

藥用

葉、根、皮均可入藥。

▲葉掌狀，大型革質有光澤。

花期						
	1	2	3	4	5	6
	7	8	9	10	11	12

洋常春藤

Hedera helix

扦插 壓條 半日照 16~26℃ 喜溼潤

科名	五加科Araliaceae	屬名	常春藤屬
別名	加那利常春藤		
原產地	亞洲、歐洲、北非。		
土壤	喜富含腐植質、排水良好的沙質土壤。		

形態特徵

常綠蔓性藤本，莖節可生氣生根。葉為掌狀裂葉，淺裂或深裂，全緣或波狀緣，葉片具黃色、白色斑塊或鑲紋，變化較大。

應用

葉形美觀，色彩豐富。常吊盆栽培，可置於陽台、窗台及桌上觀賞，也適合庭院牆邊綠化；園林中常用於樹幹及山石立體綠化。

▲葉為掌狀裂葉，淺裂或深裂。

觀葉植物 被子植物

花期	1	2	3	4	5	6
	7	8	9	10	11	12

小葉常春藤
Hedera helix 'Minima'

科名	五加科Araliaceae	屬名	常春藤屬
別名	紫葉常春藤		
原產地	栽培種。		
土壤	喜富含腐植質、排水良好的沙質土壤。		

形態特徵

常綠蔓性藤本，莖節可生氣生根。葉為掌狀裂葉，葉片較小，葉有的為2裂，有的僅葉基有2短裂，全緣，有的呈鳥趾狀5裂，深秋全葉變成紫褐色。

應用

葉形美觀，生長繁茂。盆栽可置於陽台、頂樓花園或書桌等處觀賞，也可用於庭院的牆面垂直綠化。

▲葉為掌狀裂葉，葉片較小。

花期						
	1	2	3	4	5	6
	7	8	9	10	11	12

常春藤

Hedera nepalensis var. *sinensis*

扦插　壓條　半日照　18-28℃　喜溼潤

科名	五加科Araliaceae	屬名	常春藤屬
別名	中華常春藤、爬樹藤		
原產地	中國。		
土壤	喜疏鬆的中性或微酸性土壤。		

形態特徵

常綠藤本，莖蔓長達30m，具氣生根。單葉較大，互生，葉形變化較大，葉表面暗綠色，有光澤，全緣。繖形花序，花小，淡綠白色。漿果，熟時紅色或黃色。

應用

葉形美觀，為常見的觀葉植物。盆栽可置於陽台、室內觀賞，或用於庭院的牆面、山石綠化。

藥用

全株可供藥用，具舒筋散風功效，莖葉搗爛可治癰疽或其他初起腫毒；莖葉含鞣酸，可提製栲膠。

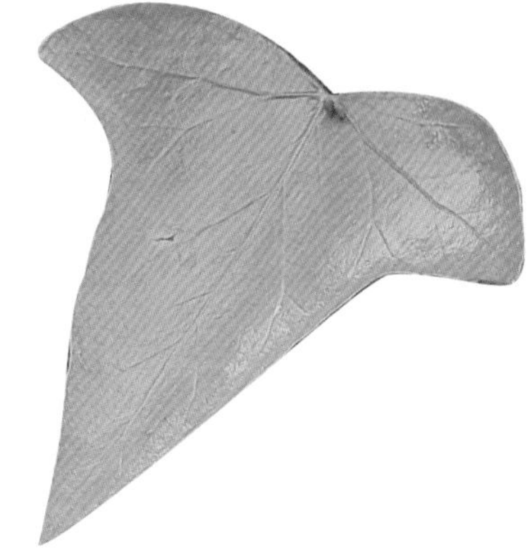

▲葉表面暗綠色，有光澤。

花期					
1	2	3	4	5	6
7	8	9	10	11	12

圓葉福祿桐
Polyscias balfouriana

科名	五加科Araliaceae	屬名	福祿桐屬
別名	圓葉南洋參		
原產地	太平洋群島。		
土壤	喜疏鬆、排水良好的土壤。		

形態特徵

常綠灌木或小喬木，分支，莖幹灰褐色。葉互生，3小葉的羽狀複葉或單葉，小葉寬卵形或近圓形，基部心形，邊緣有細鋸齒，葉面綠色。另有花葉、銀邊品種。

應用

葉色美觀，為著名的觀葉植物。多盆栽，適合廳堂、臥室及辦公室等空間擺放觀賞。

▲小葉寬卵形或近圓形。

花期	1	2	3	4	5	6
	7	8	9	10	11	12

羽葉福祿桐

Polyscias fruticosa

扦插　全日照　22~30°C　喜溼潤

科名	五加科Araliaceae	屬名	福祿桐屬
別名	羽葉南洋參		
原產地	波里尼西亞。		
土壤	喜疏鬆、肥沃排水良好的沙質土壤。		

形態特徵

常綠灌木或小喬木。葉互生，奇數羽狀複葉，小葉披針形，邊緣有深鋸齒或分裂，具短柄，葉片綠色。繖形花序成圓錐狀，花小。

應用

株形美觀，觀賞性佳，是優良的觀葉植物。盆栽可置於客廳、臥室、書房等處裝飾。

▶小葉披針形，邊緣有深鋸齒或分裂。

花期						
	1	2	3	4	5	6
	7	8	9	10	11	12

澳洲鴨腳木

Scheffera actinophylla

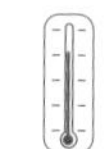

播種　扦插　全日照　半日照　20~30℃　喜溼潤

科名	五加科Araliaceae	屬名	鵝掌柴屬
別名	輻葉鵝掌柴		
原產地	澳大利亞及部分太平洋島嶼。		
土壤	喜排水良好的沙質土壤。		

形態特徵

常綠喬木，樹幹平滑，株高可達15m。掌狀複葉，具長柄，叢生枝條先端。小葉3~16枚，長橢圓形，葉端突尖， 革質， 葉色濃綠，有光澤。花為圓錐花序，花小型。

應用

株形美觀 ，葉大，終年常綠 。盆栽可置於大型廳堂或走廊兩側綠化觀賞；園林中常用作行道樹或風景樹。

▶掌狀複葉，具長柄。

花期					
1	2	3	4	5	6
7	8	9	10	11	12

鵝掌藤

Schefflera arboricola

播種　扦插　全日照　半日照　20~30℃　喜溼潤/耐旱

科名	五加科Araliaceae	屬名	鵝掌柴屬
別名	七葉蓮、七加皮		
原產地	中國、台灣。		
土壤	不擇土壤。		

形態特徵

常綠灌木或小喬木，株高3~5m。掌狀複葉，互生，小葉長卵圓形，革質，全緣，具光澤。圓錐狀花序，小花淡綠色或黃褐色，漿果。

應用

葉色翠綠，株形美觀。盆栽常用於布置室內空間；園林中適合於路邊、林緣栽培。

藥用

全株入藥，外用，具有止痛的功效。

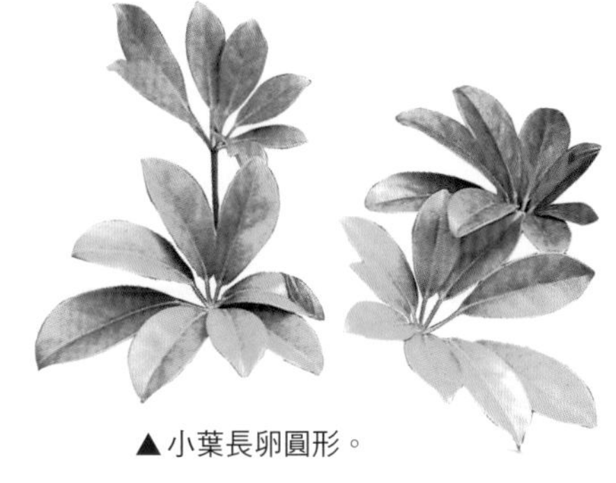

▲小葉長卵圓形。

花期

1	2	3	4	5	6
7	8	9	10	11	12

觀葉植物　被子植物

花葉鵝掌藤

Schefflera arboricola 'Variegata'

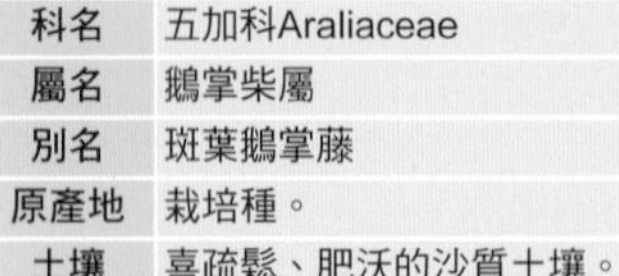

科名	五加科Araliaceae
屬名	鵝掌柴屬
別名	斑葉鵝掌藤
原產地	栽培種。
土壤	喜疏鬆、肥沃的沙質土壤。

形態特徵

常綠灌木或小喬木，株3~5 m。掌狀複葉，互生，小葉長卵圓形，革質，全緣，具光澤，葉片具黃色塊斑。圓錐花序，花小。漿果。

應用

盆栽可擺放在客廳、書房和臥室等處欣賞，小盆栽也可置於桌上觀賞；園林中常用於路邊、山石邊栽培。

鵝掌柴

Schefflera octophylla

播種　扦插　全日照　半日照　18-28°C　喜溼潤/耐旱

科名	五加科Araliaceae
屬名	鵝掌柴屬
別名	鴨腳木、鴨母樹、江某
原產地	日本、中國、越南、印度。
土壤	不擇土壤。

形態特徵

常綠小喬木，株高5~15m。掌狀複葉，小葉紙質，橢圓形、長橢圓形或倒卵狀橢圓形，稀橢圓狀披針形，先端急尖或短漸尖，稀圓形，基部漸狹，楔形或鈍形，全緣。圓錐花序頂生，花白色。果球形。

應用

生性強健，盆栽可用於居室裝飾；常用於園林中，可單植或叢植於路邊、石邊或水岩邊欣賞。

刺通草

Trevesia palmata

播種　扦插　全日照　半日照　16~28℃　喜溼潤

科名	五加科Araliaceae	屬名	刺通草屬
原產地	中國、越南、寮國、柬埔寨、尼泊爾、孟加拉、印度。		
土壤	不擇土壤。		

形態特徵

多年生常綠灌木，株高3~8m。葉掌狀5~9深裂，裂片披針形，先長漸尖，邊緣有粗鋸齒。圓錐花序，花淡黃綠色。果卵球形。

應用

葉形美觀，觀賞性強。盆栽適合廳堂栽培觀賞；也適合公園、綠地或庭院綠化。

▲葉掌狀5~9深裂。

花期					
1	2	3	4	5	6
7	8	9	10	11	12

愛之蔓

Ceropegia woodii

科名	蘿藦科Asclepiadaceae	屬名	吊燈花屬
別名	吊金錢、吊燈花、心葉蔓		
原產地	南非。		
土壤	喜肥沃、排水良好的沙質土壤。		

形態特徵

多年生肉質草本，枝蔓長可達1m，具塊根，莖細長，多懸垂。單葉對生，心形，暗綠色，沿葉脈分布有大小不一的灰白色斑塊。肉質。花單生於葉腋。蓇葖果。

應用

愛之蔓葉色靚麗，葉形美觀，極為可愛。適合盆栽或吊盆栽植於陽台、窗台或桌上欣賞。

▲單葉對生，心形，暗綠色。

花期

1	2	3	4	5	6
7	8	9	10	11	12

花葉愛之蔓

Ceropegia woodii 'Variegata'

科名	蘿藦科Asclepiadaceae	屬名	吊燈花屬
別名	花葉吊金錢		
原產地	栽培種。		
土壤	喜肥沃、排水良好的沙質土壤。		

形態特徵

多年生肉質草本，枝蔓長可達1m，具塊根，莖細長，多懸垂。單葉對生，心形，暗綠色，葉面布有大小不一的黃色斑塊。肉質。花單生於葉腋。蓇葖果。

應用

葉色靚麗，為優良的觀葉植物，常於室內吊掛栽培或盆栽置於桌上裝飾。

▲單葉對生，心形，暗綠色。

花期					
1	2	3	4	5	6
7	8	9	10	11	12

卷葉毬蘭

Hoya carnosa 'Compacta'

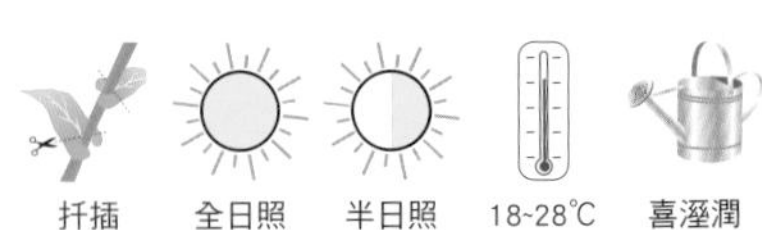

科名	蘿藦科Asclepiadaceae
屬名	毬蘭屬
別名	皺葉毬蘭
原產地	栽培種。
土壤	喜疏鬆、排水良好的土壤。

形態特徵

常綠攀緣灌木。葉對生，革質，翻轉扭曲，頂端銳尖，基部略凹。繖形花序，小花呈星形簇生，具芳香。

應用

葉翻轉扭曲，極為別致，常盆栽置於室內的陽台、窗台或桌上觀賞。

花期	1	2	3	4	5	6
	7	8	9	10	11	12

心葉毬蘭

Hoya kerrii

科名	蘿藦科Asclepiadaceae
屬名	毬蘭屬
別名	凹葉毬蘭
原產地	寮國、泰國。
土壤	喜疏鬆、排水良好的土壤。

形態特徵

常綠木質藤本，蔓長可達5m以上。葉對生，肥厚，倒心形，葉綠色。繖狀花序，腋生，有數十朵聚生球狀，花冠淡綠色，反捲，副花冠星狀，咖啡色，具芳香。

應用

葉片奇特美觀，觀賞性強。盆栽可置於陽台、窗台及桌上觀賞，也可作為庭院的綠籬垂直綠化。

花期	1	2	3	4	5	6
	7	8	9	10	11	12

斑葉心葉毬蘭

Hoya kerrii var. *variegata*

科名	蘿藦科Asclepiadaceae
屬名	毬蘭屬
別名	花葉凹葉毬蘭
原產地	栽培種。
土壤	喜疏鬆、排水良好的土壤。

形態特徵

常綠木質藤本，蔓長可達5m以上。葉對生，肥厚，倒心形，葉綠色，邊緣金黃色。繖狀花序，腋生，有數十朵聚生球狀，花冠淡綠色，反捲，副花冠星狀，咖啡色，具芳香。

應用

多盆栽置於陽台、窗台及桌上觀賞，也可作為庭院的小型花架或是綠籬垂直綠化。

玉荷包

Dischidia major

科名	蘿藦科Asclepiadaceae
屬名	眼樹蓮屬
原產地	東南亞、澳洲等地。
土壤	喜疏鬆的土壤。

形態特徵

多年生小型草質藤本，有不定根， 纏繞或攀附生長。葉對生， 肉質，橢圓形或卵形全緣，枝條上常著生變態葉，中空，長橢圓形，葉面不規則。花生於葉腋，黃綠色。蓇葖果。

應用

葉二型，變態葉極為奇特。盆栽適合於桌上、書桌等處擺放觀賞，也可栽培於庭院的樹幹、山石上觀賞。

青蛙藤

Dischidia pectinoides

扦插　半日照　18~28℃　喜溼潤/耐旱

科名	蘿藦科Asclepiadaceae	屬名	眼樹蓮屬
別名	愛元果		
原產地	菲律賓。		
土壤	喜肥沃、排水良好的沙質土壤。		

形態特徵

多年生小型草質藤本，株高30cm左右。葉對生，肉質，橢圓形或卵形，先端尖，全緣，枝條上常著生變態葉，中空，似蚌殼。花簇生於葉腋，紅色。蓇葖果。

應用

變態葉極具觀賞價值，多盆栽置於書房、臥室、窗台等處裝飾，是科普教育的良好材料。

▲葉對生，肉質。

花期 1 2 3 4 5 6 7 8 9 10 11 12

百萬心

Dischidia ruscifolia

扦插　半日照　22~30℃　喜溼潤

科名	蘿藦科Asclepiadaceae	屬名	眼樹蓮屬
別名	千萬心		
原產地	菲律賓。		
土壤	喜排水良好、肥沃的沙質土壤。		

形態特徵

多年生常綠草質藤本。葉綠色，稍肉質，對生，闊橢圓形或卵形，先端突尖。花小，白色。

應用

葉成對著生，心形，有較高的觀賞價值，多吊盆栽培於陽台、書房等處觀賞。

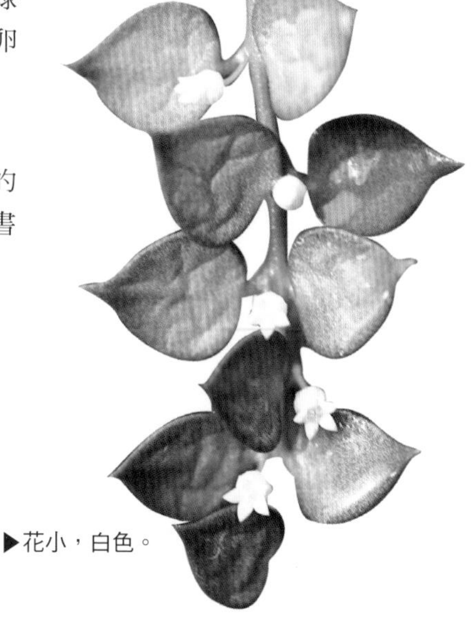

▶花小，白色。

花期					
1	2	3	4	5	6
7	8	9	10	11	12

團扇秋海棠

Begonia leprosa

播種　扦插　分株　半日照　20~25℃　喜溼潤

科名	秋海棠科Begoniaceae	屬名	秋海棠屬
別名	癩葉秋海棠		
原產地	中國。		
土壤	喜疏鬆、肥沃的土壤。		

形態特徵

多年生草本。葉基生，葉片兩側不相等，輪廓近圓形，或寬卵圓形，先端圓鈍，或急尖至短尾尖，基部偏斜，心形。花白色或粉紅色。蒴果。

應用

葉大秀麗，為優良的觀葉植物，適合臥室、客廳、書房等處擺放觀賞。

▶葉基生，葉片兩側不相等。

花期					
1	2	3	4	5	6
7	8	9	10	11	12

紅葉蝦蟆秋海棠

Begonia hybrida

播種　扦插　分株　半日照　20~25℃　喜溼潤

科名	秋海棠科Begoniaceae	屬名	秋海棠屬
原產地	栽培種。		
土壤	喜疏鬆、肥沃的土壤。		

形態特徵

多年生常綠草本，株高30cm。葉腎圓形，兩面不對稱，葉紅色，近邊緣處有白色斑塊，葉脈基部黑色。花單性，雌雄同株。蒴果。

應用

葉色美觀，觀賞性佳。盆栽適合置於陽台、窗台等處觀賞。

▲葉兩面不對稱，呈紅色，近邊緣處有白色斑塊。

花期					
1	2	3	4	5	6
7	8	9	10	11	12

鐵十字海棠

Begonia masoniana

播種　扦插　分株　半日照　20~25℃　喜溼潤

科名	秋海棠科Begoniaceae	屬名	秋海棠屬
別名	鐵甲秋海棠		
原產地	中國。		
土壤	喜疏鬆、排水良好、富含腐植質的土壤。		

形態特徵

根莖橫臥，肉質。葉柄上長有長絨毛，葉柄直接長在根莖上。葉近心形，具突起和刺毛，淡綠色。中間有一類似十字形的紫褐色斑紋。花小、黃綠色。

應用

葉色美麗，觀賞性強。可作中、小型盆栽用於居室裝飾，也可吊籃種植，懸掛於室內觀賞。

▲葉近心形，具突起和刺毛。

觀葉植物　被子植物

花期					
1	2	3	4	5	6
7	8	9	10	11	12

銀翠秋海棠

Begonia 'Silver Jewel'

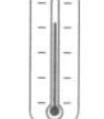

播種　扦插　分株　半日照　20~25℃　喜溼潤

科名	秋海棠科Begoniaceae	屬名	秋海棠屬
原產地	栽培種。		
土壤	喜疏鬆、排水良好、富含腐植質的土壤。		

形態特徵

多年生常綠草本，株高30cm。葉腎圓形，兩面不對稱，呈綠色，沿葉脈有大塊銀白色斑塊。花單性，雌雄同株。蒴果。

應用

葉色美麗，觀賞性強，多盆栽置於客廳、臥室、書房及餐廳內裝飾，也適合桌上擺放觀賞。

▲沿葉脈有大塊銀白色斑塊。

花期					
1	2	3	4	5	6
7	8	9	10	11	12

象耳秋海棠

Begonia 'Thurstonii'

科名	秋海棠科Begoniaceae	屬名	秋海棠屬
原產地	栽培種。		
土壤	喜疏鬆、排水良好、富含腐植質的土壤。		

形態特徵

多年生常綠草本，株高50cm。葉腎圓形，兩面不對稱，呈綠色，背面紫紅色。花單性，雌雄同株。蒴果。

應用

葉色美麗，觀賞性佳。盆栽適合置於陽台、窗台及臥室等處作綠化，也可於庭院蔭蔽的路邊、水景邊栽培觀賞。

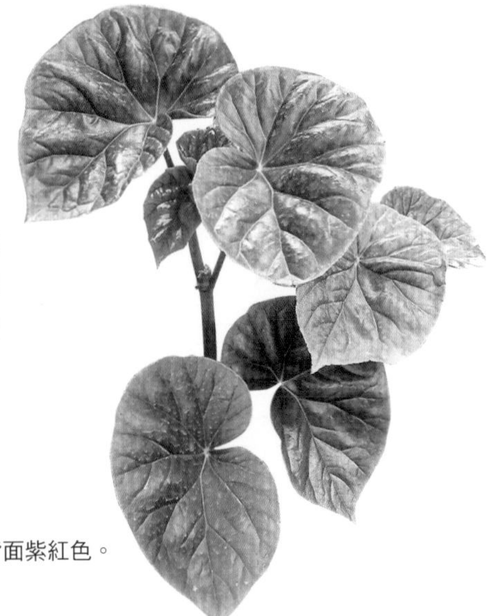

▶葉綠色，背面紫紅色。

花期						
	1	2	3	4	5	6
	7	8	9	10	11	12

觀葉植物 被子植物

八角蓮

Dysosma versipellis

科名	小蘗科Berberidaceae	屬名	鬼臼屬
別名	獨葉一枝花		
原產地	中國。		
土壤	喜疏鬆、肥沃的土壤。		

形態特徵

多年生草本，株高40~150cm。莖生葉2枚，薄紙質，互生， 盾狀，近圓形，4~9掌狀淺裂。花深紅色，5~8朵簇生。漿果。

應用

盆栽可置於客廳、書房等居家空間裝飾。

藥用

根狀莖供藥用，可治療跌打損傷、關節酸痛、毒蛇咬傷。

▶葉盾狀，近圓形。

花期					
1	2	3	4	5	6
7	8	9	10	11	12

福建茶

Ehretia microphylla

扦插　全日照　18~28℃　喜溼潤

科名	紫草科Boraginaceae	屬名	滿福木屬
別名	基及樹、貓仔樹、滿福木、小葉厚殼樹		
原產地	中國、台灣。		
土壤	喜疏鬆肥沃、排水良好的微酸性土壤。		

形態特徵

常綠灌木，株高2~3m。葉在長枝上互生，在短枝上簇生，葉小，革質，深綠色，倒卵形或匙狀倒卵形。聚繖花序腋生，或生於短枝上，花冠白色或稍帶紅色。核果。

應用

葉色光亮，可製作盆景置於客廳、臥室、窗台或陽台等處美化環境；園林中常用作綠籬。

▶花冠白色。

花期						
	1	2	3	4	5	6
	7	8	9	10	11	12

觀葉植物　被子植物

水塔花
Billbergia pyramidalis

科名	鳳梨科Bromeliaceae
屬名	水塔花屬
原產地	巴西。
土壤	喜疏鬆、排水良好的土壤。

形態特徵

多年生常綠草本，株高50~60 cm， 蓮座狀葉叢基部形成貯水葉筒較大，有葉10~15片，葉片肥厚，寬大，葉緣有小鋸齒。穗狀花序，直立，苞片披針形，花冠鮮紅色，花瓣外捲，邊緣帶紫。

應用

葉色翠綠，株形美觀。盆栽適合置於陽台、窗台、臥室等光線明亮的地方栽培。

銀邊水塔花
Billbergia pyramidalis ' Kyoto '

科名	鳳梨科Bromeliaceae
屬名	水塔花屬
別名	白邊水塔花
原產地	栽培種。
土壤	喜疏鬆、排水良好的土壤。

形態特徵

多年生常綠草本，株高50~60 cm， 蓮座狀葉叢基部形成貯水葉筒較大，葉片肥厚，寬大，葉緣有小鋸齒，邊緣白色。穗狀花序，花冠鮮紅色。

應用

葉色淡雅 ，適合盆栽置於陽台、窗台、臥室等光線明亮的地方栽培，或於庭院的水景邊或蔭蔽處栽培。

橙光彩葉鳳梨

Neoregelia 'Orange Glow'

分株　全日照　半日照　20~28℃　喜溼

科名	鳳梨科Bromeliaceae	屬名	彩葉鳳梨屬
原產地	栽培種。		
土壤	喜疏鬆、排水良好的土壤。		

形態特徵

多年生常綠草本，株高約30cm。葉多數，蓮座式，劍形，頂端漸尖，葉緣有鋸齒，新葉中間白色，老葉漸轉為紅色。

應用

葉色光亮，可製作盆景置於客廳、臥室、窗台或陽台等處美化環境；園林中常作為綠籬。

▲葉多數，蓮座式。

觀葉植物　被子植物

花期	1	2	3	4	5	6
	7	8	9	10	11	12

里約紅彩葉鳳梨

Neoregelia 'Red of Rio'

分株　全日照　半日照　20~28℃　喜溼

科名	鳳梨科Bromeliaceae	屬名	彩葉鳳梨屬
原產地	栽培種。		
土壤	喜疏鬆、排水良好的土壤。		

形態特徵

多年生常綠草本，株高約30cm。葉多數，蓮座式，劍形，頂端漸尖，葉緣有鋸齒，葉紅色。

應用

葉紅豔，極美麗，易栽培，為優良的觀葉植物。園林中常於觀光溫室栽培；盆栽可置於陽台、窗台等光線充足的地方養護觀賞。

▲葉多數，蓮座式，劍形。

觀葉植物　被子植物

花期					
1	2	3	4	5	6
7	8	9	10	11	12

松蘿鳳梨

Tillandsia usneoides

分株　全日照　半日照　20~28℃　喜溼潤

科名	鳳梨科Bromeliaceae
屬名	鐵蘭屬
別名	松蘿鐵蘭
原產地	美洲。
土壤	附生植物，不需土壤。

形態特徵

多年生草本植物，植株下垂生長，莖長，纖細；葉片互生，半圓形，密被銀灰色鱗片；小花腋生，黃綠色， 花萼紫色， 小苞片褐色，花芳香。

應用

可懸掛於稍蔭蔽的陽台、書房內栽培觀賞，或懸掛於庭院的樹枝上、廊架上觀賞。

雀舌黃楊

Buxus bodinieri

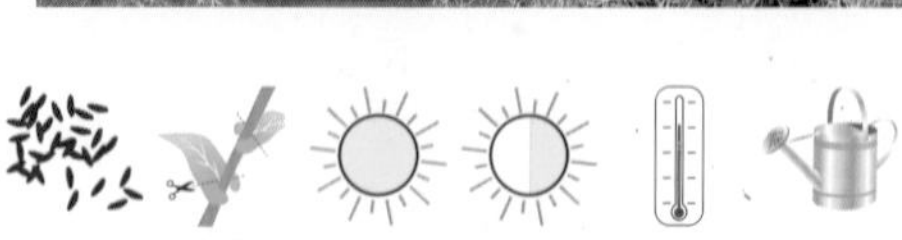

播種　扦插　全日照　半日照　15~28℃　喜溼潤/耐旱

科名	黃楊科Buxaceae
屬名	黃楊屬
原產地	中國。
土壤	不擇土壤。

形態特徵

灌木，高約60~100cm。葉薄革質，通常匙形，也有狹卵形或倒卵形，大多數中部以上最寬，先端圓或鈍，往往有淺凹口或小尖凸頭，基部狹長楔形，有時急尖。花序腋生。 蒴果。

應用

為常見栽培的觀葉植物，盆栽可置於客廳、陽台或頂樓花園作綠美化，也可植於庭院的路邊、牆邊修剪成綠籬觀賞。

大葉黃楊

Buxus megistophylla

播種　扦插　全日照　半日照　15~28℃　喜溼潤/耐旱

科名	黃楊科Buxaceae	屬名	黃楊屬
原產地	中國。		
土壤	不擇土壤。		

形態特徵

常綠灌木，高可達3m。葉對生，革質或薄革質，有光澤，橢圓形至倒卵形，先端尖或鈍，葉緣有細鋸齒，兩面無毛。花序腋生，花綠白色。蒴果。

應用

常見栽培的觀葉植物。盆栽可用於廳堂或庭院等居家環境綠化；對二氧化硫、氯氣、氯化氫的抗性和吸收能力強，對汞的吸收能力較強。

▲葉對生，革質或薄革質。

花期					
1	2	3	4	5	6
7	8	9	10	11	12

黃楊

Buxus sinica

科名	黃楊科Buxaceae	屬名	黃楊屬
別名	瓜子黃楊、小葉黃楊		
原產地	中國。		
土壤	不擇土壤。		

形態特徵

灌木或小喬木，株高3~6m。葉革質，闊橢圓形、闊倒卵形、卵狀橢圓形或長圓形，先端圓或鈍，常有小凹口，基部圓或急尖或楔形。花序頭狀，花密集。蒴果。

應用

應用廣泛，經常盆栽置於客廳、書房等環境綠化，也適合於庭院的路邊或一隅修剪成球狀或作綠籬。

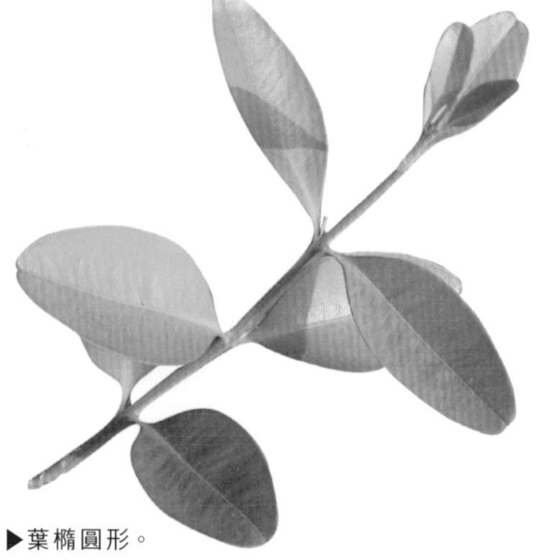

▶葉橢圓形。

花期					
1	2	3	4	5	6
7	8	9	10	11	12

蕉芋

Canna edulis

分株　全日照　22~30℃　喜溼

科名	美人蕉科Cannaceae	屬名	美人蕉屬
別名	蕉藕、薑芋		
原產地	印度。		
土壤	不擇土壤，喜疏鬆、肥沃的土壤。		

形態特徵

多年生宿根草本植物，植株高2m。葉橢圓形，綠色，背部紫色。總狀花序單生或分叉，少花，花單生或2朵聚生，花冠裂片綠色或紅色。

應用

葉色美觀，株形端正。盆栽可置於客廳或書房等處觀賞，也適合庭院水景邊栽培；塊莖可提取澱粉或作飼料。

花期					
1	2	3	4	5	6
7	8	9	10	11	12

▶葉橢圓形。

金脈美人蕉

Canna generalis 'Striatus'

分株　全日照　22~30℃　喜溼

科名	美人蕉科Cannaceae	屬名	美人蕉屬
別名	花葉美人蕉		
原產地	栽培種。		
土壤	不擇土壤。		

形態特徵

多年生宿根草本植物，株高1.5m，莖葉和花序均被白粉。葉片橢圓形，葉片具黃色脈紋。總狀花序頂生，花大，密集，每苞片內有花1~2朵，花色橘黃色。

應用

葉色明豔，為優良的觀葉植物。盆栽可置於臥室、書房及陽台等處觀賞，也是庭院水景綠化的優良素材。

▲葉片具黃色脈紋。

鴛鴦美人蕉

Canna generalis 'Cleopatra'

分株　全日照　22~30℃　喜溼

科名	美人蕉科Cannaceae	屬名	美人蕉屬
別名	雙色美人蕉		
原產地	栽培種。		
土壤	不擇土壤，喜肥沃的土壤。		

形態特徵

多年生宿根草本植物，株高1.5m，莖葉和花序均被白粉。葉呈橢圓形，葉片有大塊紫色斑塊或斑紋。總狀花序頂生，花大，每苞片內有花1~2朵，呈雙色或紅黃相間。

應用

盆栽可置於臥室、書房及陽台等處觀賞，也是庭院水景綠化的優良材料；園林中常用於水景布置。

▲葉片有大塊紫色斑塊或斑紋。

花期					
1	2	3	4	5	6
7	8	9	10	11	12

紫葉美人蕉

Canna warscewiezii

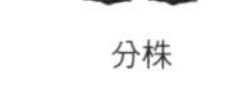

科名	美人蕉科Cannaceae	屬名	美人蕉屬
別名	紅葉美人蕉		
原產地	南美洲。		
土壤	以肥沃的土壤為佳。		

形態特徵

多年生草本植物，株高1.5m。葉片卵形或卵狀長圓形，葉紫紅色。總狀花序，花冠裂片披針形，深紅色，外稍染藍色。唇瓣舌狀或線狀長圓形，頂端微凹或2裂，紅色。

應用

盆栽可置於臥室、書房及陽台等處觀賞，也是庭院水景綠化的優良材料；園林中常用於水景布置。

▶葉紫紅色。

千頭木麻黃

Casuarina cunninghamiana

科名	木麻黃科Casuarinaceae	屬名	木麻黃屬
別名	銀線木麻黃、細枝木麻黃		
原產地	澳大利亞。		
土壤	不擇土壤。		

形態特徵

灌木，株高可達3m。枝暗褐色，近頂端處常有葉貼生的白色線紋，小枝密集，暗綠色，纖細，稍下垂。每節上有狹披針形，緊貼的鱗片狀葉4~6枚。花雌雄異株。果實毬果狀。

應用

株形美觀，園林中可用作行道樹或風景區景觀樹。

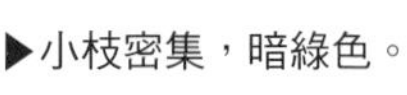
▶小枝密集，暗綠色。

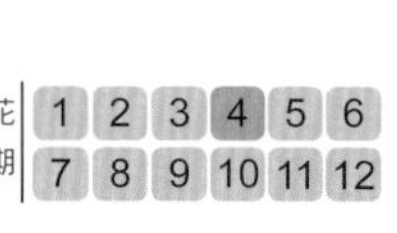

金邊正木

Euonymus japonicus var. *aurea-marginatus*

播種　扦插　高壓　全日照　20~28°C　喜溼潤

科名	衛矛科Celastraceae
屬名	衛矛屬
別名	金邊黃楊
原產地	栽培變種。
土壤	不擇土壤。

形態特徵

灌木，株高可達3m。葉革質，有光澤；倒卵形或橢圓形，先端圓鬪或急尖，基部楔形；邊緣具有淺細鈍齒，呈金黃色。聚繖花序生於枝梢的葉腋間，花瓣近卵圓形。蒴果。

應用

葉色美觀，為常見的觀葉植物。盆栽可用於廳堂美化，或於庭院路邊或牆垣邊栽培觀賞。

銀邊正木

Euonymus japonicus var. *albo-marginatus*

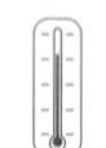

播種　扦插　高壓　全日照　20~28°C　喜溼潤

科名	衛矛科Celastraceae
屬名	衛矛屬
別名	銀邊黃楊
原產地	栽培變種。
土壤	不擇土壤。

形態特徵

灌木，株高可達3m。葉革質，有光澤；倒卵形或橢圓形，先端圓鬪或急尖，基部楔形；邊緣具有淺細鈍齒，銀白色。聚繖花序，花瓣近卵圓形。蒴果。

應用

葉色美觀，為優良的觀葉植物。盆栽適合居家陽台、客廳等處擺放觀賞，也可用於庭院綠化；園林中常用作綠籬。

橙柄甜菜

Beta vulgaris 'Bright Yellow'

播種　全日照　15~28℃　喜溼潤

科名	藜科Chenopodiaceae	屬名	甜菜屬
原產地	栽培種。		
土壤	不擇土壤。		

形態特徵

多年生草本觀葉植物。生長期無莖，葉在根莖處叢生，葉片長圓狀卵形，葉肥厚，葉片綠色，葉柄及葉脈橙黃色。花莖自葉叢中間抽生，花小。瘦果，種子細小。

應用

盆栽可置於陽台、頂樓或是庭院路邊、牆邊欣賞；嫩葉可作蔬菜食用。

▶葉柄及葉脈橙黃色。

紅葉甜菜

Beta vulgaris 'Cicla'

播種　全日照　15~28℃　喜溼潤

科名	藜科Chenopodiaceae	屬名	甜菜屬
別名	紫葉甜菜		
原產地	栽培種。		
土壤	不擇土壤。		

形態特徵

多年生草本觀葉植物。生長期無莖，葉在根莖處叢生，葉片長圓狀卵形，全株紅色。花莖自葉叢中間抽生，花小。瘦果，種子細小。

應用

植株紅豔可愛，觀賞性極佳。盆栽可置於陽台、窗台等光線充足的地方裝飾觀賞，也適合植於庭院的路邊、牆垣邊；嫩葉可作蔬菜食用。

▶葉片長圓狀卵形。

花期	1	2	3	4	5	6
	7	8	9	10	11	12

紅柄甜菜
Beta vulgaris 'Dracaenifolia'

播種　全日照　15~28℃　喜溼潤

科名	藜科Chenopodiaceae	屬名	甜菜屬
原產地	栽培種。		
土壤	不擇土壤。		

形態特徵

多年生草本觀葉植物。生長期無莖，葉在根莖處叢生，葉片長圓狀卵形，綠色，葉柄及葉脈紅色。花莖自葉叢中間抽生，花小。瘦果，種子細小。

應用

葉柄及葉脈極為豔麗，為優良的觀葉植物。盆栽可置於陽台、窗台等光線充足的地方觀賞，也適合庭院的路邊、牆垣邊種植；嫩葉可作蔬菜食用。

▶葉柄及葉脈紅色。

海葡萄

Coccoloba uvifera

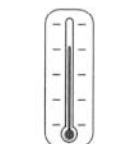

播種　高壓　全日照　23~32℃　喜溼潤

科名	蓼科Polygonaceae	屬名	海葡萄屬
別名	樹蓼		
原產地	西印度群島濱海地區、美洲。		
土壤	喜疏鬆、排水良好的沙質土壤。		

形態特徵

常綠小喬木，株高可達8m。單葉互生，葉片近圓形，先端鈍或微凹，全緣，葉綠色，初夏變紅。總狀花序，花白色，具芳香。堅果。

應用

葉大美觀，盆栽適合置於客廳、臥室等空間點綴裝飾，也可用於公園、綠地的濱水環境栽培觀賞。

▲葉片近圓形，先端鈍或微凹。

觀葉植物　被子植物

花期						
	1	2	3	4	5	6
	7	8	9	10	11	12

杜若
Pollia japonica

分株　全日照　半日照　16~28℃　喜溼潤

科名	鴨趾草科Commelinaceae	屬名	杜若屬
別名	地藕、竹葉蓮		
原產地	日本、韓國、中國、台灣。		
土壤	喜疏鬆的土壤。		

形態特徵

多年生草本，株高30~80cm。葉片呈長橢圓形，基部楔形，頂端長漸尖，上面粗糙。蠍尾狀聚繖花序，常以多個成輪排列，花瓣白色。果球狀，種子灰色帶紫色。

應用

葉色翠綠，可植於庭院的路邊、牆垣邊觀賞。

藥用

全株藥用，用於治療蛇、蟲咬傷及腰痛。

▲葉片呈長橢圓形。

觀葉植物　被子植物

蚌蘭

Rhoeo discolor

科名	鴨趾草科Commelinaceae	屬名	紫背萬年青屬
別名	紫背萬年青、蚌花		
原產地	墨西哥。		
土壤	不擇土壤。		

形態特徵

多年生草本，株高50cm。葉基生，密集覆瓦狀，無柄；葉片披針形或舌狀披針形，先端漸尖，基部擴大成鞘狀抱莖，上面暗綠色，下面紫色。聚繖花序生於葉的基部，苞片2，蚌殼狀，淡紫色，花白色。蒴果。

應用

株形美觀，葉色美麗，為優良的觀葉植物。盆栽可置於陽台、頂樓花園等處綠化。

▲葉基生，密集覆瓦狀，無柄。

花期						
	1	2	3	4	5	6
	7	8	9	10	11	12

小蚌蘭

Rhoeo spathacea

播種　扦插　全日照　20~30℃　喜溼潤/耐旱

科名	鴨趾草科Commelinaceae	屬名	紫背萬年青屬
別名	小蚌花		
原產地	熱帶美洲。		
土壤	不擇土壤。		

形態特徵

多年生常綠草本，株高20~30 cm。莖短，葉簇生於莖上，葉面綠色，葉背紫色。花白色，腋生，苞片蚌狀。

應用

生性強健，為優良的觀葉植物。盆栽可置於陽台、窗台或桌上裝飾觀賞，也可用於庭院綠化。

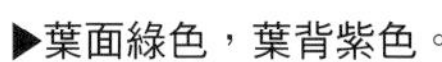

▶葉面綠色，葉背紫色。

條紋小蚌花

Rhoeo spathacea 'Dwarf Variegata'

扦插　分株　全日照　20~30℃　喜溼潤/耐旱

科名	鴨趾草科Commelinaceae	屬名	紫背萬年青屬
原產地	栽培種。		
土壤	不擇土壤。		

形態特徵

多年生常綠草本，株高20~30 cm。莖短，葉簇生於莖上，葉片具白色條紋，葉背紫色。花白色，腋生，苞片蚌狀。

應用

盆栽可置於桌上、窗台、陽台等處裝飾觀賞，也可用於庭院的路邊或山石邊綠化。

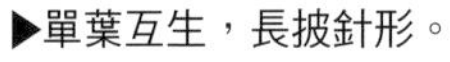

▶單葉互生，長披針形。

花期

1	2	3	4	5	6
7	8	9	10	11	12

鴨跖草

Setcreasea purpurea

科名	鴨趾草科Commelinaceae	屬名	紫竹梅屬
別名	紫竹梅、紫錦草		
原產地	墨西哥。		
土壤	不擇土壤。		

形態特徵

多年生草本，株高30~50cm，匍匐或下垂。葉長橢圓形，捲曲，先端漸尖，基部抱莖，葉紫色，具白色短絨毛。聚繖花序頂生或腋生，花桃紅色。蒴果。

應用

葉色美觀，性強健，生長快。盆栽適合置於陽台、頂樓花園等光線充足的地方養護，也可用於庭院的花圃、公園綠化。

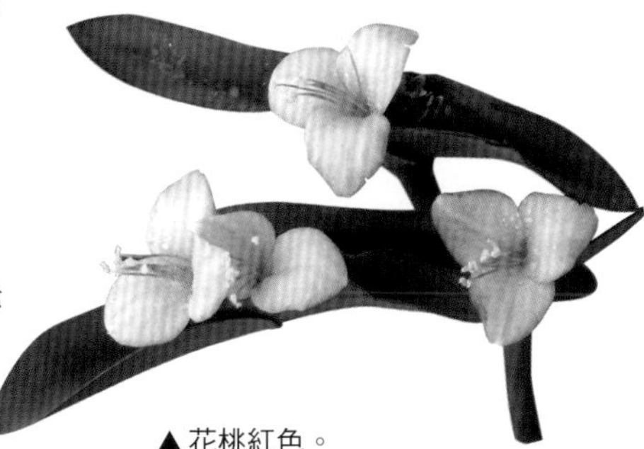

▲花桃紅色。

花期	1	2	3	4	5	6
	7	8	9	10	11	12

斑葉水竹草

Tradescantia fluminensis 'Variegata'

扦插　半日照　 20~30℃　 喜溼潤

科名	鴨趾草科Commelinaceae	屬名	紫露草屬
別名	花葉水竹草、蚌蘭		
原產地	栽培種。		
土壤	喜疏鬆、肥沃的土壤。		

形態特徵

多年生草本，莖蔓性。葉長卵形。葉面綠色，帶有大小不一的黃色斑塊。花白色。

應用

葉色清雅秀麗，觀賞性佳，多盆栽，可置於桌上或吊掛於陽台等處觀賞。

▶葉呈長卵形。

花期					
1	2	3	4	5	6
7	8	9	10	11	12

白雪姬

Tradescantia sillamontana

科名	鴨趾草科Commelinaceae
屬名	紫露草屬
別名	白絹草、銀巨冠
原產地	南非、墨西哥。
土壤	喜疏鬆、排水良好的土壤。

形態特徵

多年生肉質草本植物，株高15~20cm。葉互生，綠色或褐綠色，稍具肉質，長卵形，表面被有濃密的白毛。小花淡紫粉色，著生於莖的頂部。

應用

株形美觀，花色雅致，葉色秀麗，常作小型盆栽，點綴書桌、窗台等處。

花期	1	2	3	4	5	6
	7	8	9	10	11	12

吊竹草

Zebrina pendula

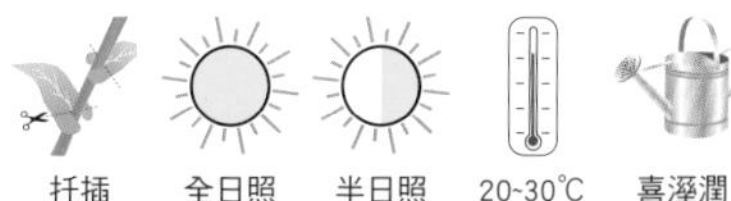

科名	鴨趾草科Commelinaceae
屬名	吊竹草屬
別名	吊竹梅
原產地	墨西哥。
土壤	不擇土壤，以疏鬆土壤為佳。

形態特徵

多年生蔓性草本。葉長卵形，互生，先端尖，基部鈍，葉面光滑，銀灰色，中葉脈及邊緣綠色，葉背淡紫紅色。花玫瑰色，蒴果。

應用

葉色美觀，可置於室內桌上或吊掛栽培觀賞，也適合在庭院稍蔭蔽的山石邊、水景邊栽培。

花期	1	2	3	4	5	6
	7	8	9	10	11	12

大吊竹草

Zebrina purpusii

科名	鴨趾草科Commelinaceae	屬名	吊竹草屬
別名	大吊竹梅		
原產地	墨西哥。		
土壤	不擇土壤。		

形態特徵

多年生蔓性草本，葉闊卵形，密生，先端尖，基部鈍，葉面綠色，中間及邊緣有紫紅色條紋，葉背紫色。花紫紅色。蒴果。

應用

葉色美觀，生性強健。盆栽可擺放於窗台、陽台、案几或吊掛栽培；也可用於庭院的水景邊栽培觀賞。

▲葉面綠色，中間及邊緣有紫紅色條紋。

花期					
1	2	3	4	5	6
7	8	9	10	11	12

亞菊

Ajania pallasiana

播種　扦插　全日照　16~26℃　喜溼潤

科名	菊科Asteraceae	屬名	亞菊屬
原產地	韓國、中國、俄羅斯。		
土壤	喜疏鬆、肥沃的土壤。		

形態特徵

多年生常綠草本或亞灌木，高可達30~60cm。中部莖葉卵形、長橢圓形或菱形，二回掌狀或不規則二回掌式羽狀分裂，莖上部葉羽狀分裂或3裂。頭狀花序多數，在莖頂排成複繖房狀，花黃色。

應用

盆栽可置於臥室、窗台、陽台或桌上裝飾，庭院可植於路邊、窗前等處觀賞；園林中常用作地被植物。

▲頭狀花序多數，花黃色。

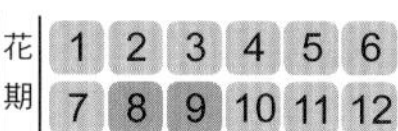

花期 1 2 3 4 5 6 7 8 9 10 11 12

觀葉植物　被子植物

蘄艾

Crossostephium chinense

科名	菊科Asteraceae	屬名	芙蓉菊屬
別名	香菊、白艾、芙蓉菊		
原產地	中國。		
土壤	喜肥沃、排水良好的土壤。		

形態特徵

常綠亞灌木，高20~50cm。直立，多分支。葉互生，質柔、密生於枝頂，葉片匙形或披針形，兩面密被白色絨毛，具有芳香氣息。頭狀花序，金黃色，小球狀，生於上部葉腋內，具柄。

應用

葉色清雅，花色金黃，為優良的觀葉植物。盆栽適合置於陽台、窗台、客廳等處裝飾觀賞，也可用於庭院綠化。

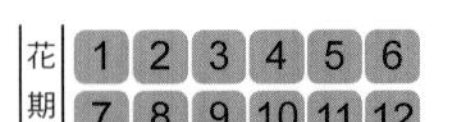

▶葉片匙形或披針形。

大吳風草

Farfugium japonicum

科名	菊科Asteraceae	屬名	大吳風草屬
別名	八角烏、活血蓮		
原產地	日本、中國、台灣。		
土壤	不擇土壤。		

形態特徵

多年生常綠草本，高30~70cm。葉多為基生，亮綠色，革質，腎形，邊緣波狀。頭狀花序，複繖狀，舌狀花黃色。

應用

葉大，亮綠色，是切葉的優良材料。盆栽可置於窗台、陽台或庭院的路邊、水景處栽培觀賞。園林中可用作地被植物或於林下栽培。

藥用

根含有千里光酸，具較高藥用價值；葉含揮發油，可用於殺蟲。

▲葉亮綠色，腎形。

銀葉菊

Senecio cineraria

科名	菊科Asteraceae
屬名	千里光屬
別名	雪葉菊、銀葉艾、灰葉蒿
原產地	南歐。
土壤	喜疏鬆肥沃、排水良好的沙質土壤或富含有機質的黏質土壤。

形態特徵

多年生草本。高50~80cm，莖灰白色，植株多分支，葉1~2回羽狀裂，正反面均被銀白色柔毛。頭狀花序單生枝頂，花小，黃色。

應用

盆栽裝飾臥室、書房等處，園林中可用於布置花圃、花台等。

花期	1	2	3	4	5	6
	7	8	9	10	11	12

翡翠珠

Senecio rowleyanus

科名	菊科Asteraceae
屬名	千里光屬
別名	一串珠、綠鈴、綠之鈴
原產地	西南非洲。
土壤	喜肥沃、疏鬆的沙質土壤。

形態特徵

多年生常綠肉質草本。葉互生，較疏 ，圓心形 ，綠色 ，肥厚多汁。頭狀花序頂生，花白色至淺褐色。

應用

葉形極為奇特，為優良的小盆栽植物，多用於桌上擺放觀賞，也可吊盆懸垂栽培欣賞。

花期	1	2	3	4	5	6
	7	8	9	10	11	12

馬蹄金

Dichondra repens

科名	旋花科Convolvulaceae
屬名	馬蹄金屬
別名	馬蹄草、黃膽草
原產地	中國；廣布於兩半球熱帶及亞熱帶地區。
土壤	不擇土壤。

形態特徵

多年生匍匐草本，節上生根。葉腎形至圓形，先端寬圓形或微缺，基部闊心形，全緣，具長葉柄。花冠鐘狀，黃色。蒴果近球形，種子黃色至褐色。

應用

葉色翠綠，葉狀似馬蹄，觀賞性佳。適合懸垂栽培；園林中多用作地被植物。

彩葉番薯

Ipomoea batatas 'Rainbow'

科名	旋花科Convolvulaceae
屬名	番薯屬
別名	觀賞番薯
原產地	栽培種。
土壤	喜疏鬆、排水良好的沙質土壤。

形態特徵

一年生草本，匍匐生長。品種不同，葉形有差異，葉互生，心形，先端尖，基部平截或心形，葉黃色，紫綠及花葉等。聚繖花序腋生，花冠粉紅色、白色、淡紫色或紫色，鐘狀或漏斗狀。蒴果。

應用

葉色多樣靚麗，色彩豐富，觀賞性極佳。盆栽可置於陽台、窗台等陽光充足的地方裝飾美化。

金葉番薯

Ipomoea batatas 'Marguerite'

科名	旋花科Convolvulaceae	屬名	番薯屬
別名	金葉薯		
原產地	栽培種。		
土壤	喜疏鬆、排水良好的沙質土壤。		

形態特徵

莖蔓性，匍匐生長，具塊根。葉互生，心形，邊緣有淺裂，全緣，葉片金黃色。聚繖花序腋生，花冠淡粉色，呈鐘狀或漏斗狀。蒴果。

應用

葉色金黃，極為明豔，觀賞性佳。適合庭院的牆邊或路邊栽植綠化；園林中常用作地被植物。

▲葉呈心形。

花期					
1	2	3	4	5	6
7	8	9	10	11	12

紫葉番薯

Ipomoea batatas 'Black Heart'

扦插　全日照　20~30℃　喜溼潤/耐旱

科名	旋花科Convolvulaceae	屬名	番薯屬
別名	紫葉薯		
原產地	栽培種。		
土壤	喜疏鬆、排水良好的沙質土壤。		

形態特徵

莖蔓性，匍匐生長，具塊根。葉互生，心形，全緣，葉片紫色，葉脈葉背紫色。聚繖花序腋生， 花冠淺粉色，鐘狀或漏斗狀。蒴果。

應用

葉色美觀，觀賞性強。適合庭院的牆邊或路邊綠化；園林中常用作地被植物。

▲葉呈心形。

觀葉植物　被子植物

花期 1 2 3 4 5 6 7 8 9 10 11 12

黑法師

Aeonium arboreum 'Atropurpureum'

扦插　分株　全日照　18~30℃　喜乾燥

科名	景天科Crassulaceae	屬名	蓮花掌屬
原產地	栽培種。		
土壤	喜疏鬆、排水良好的沙質土壤。		

形態特徵

多年生肉質灌木，株高約1 m。肉質葉，在枝頂聚生，蓮座狀，葉片倒長卵形或倒披針形，頂端有尖頭，葉黑紫色 。總狀花序，黃色 。蓇葖果。

應用

葉色優美，似朵朵墨菊在枝頭綻放，極為美觀，適合盆栽置於書桌及窗台等處觀賞。

▲肉質葉，在枝頂聚生。

花期	1	2	3	4	5	6
	7	8	9	10	11	12

夕映愛

Aeonium 'Keweonium'

扦插　分株　全日照　20~30℃　喜溼潤

科名	景天科Crassulaceae	屬名	蓮花掌屬
原產地	栽培種。		
土壤	喜疏鬆、排水良好的沙質土壤。		

形態特徵

多年生多肉植物，株高50cm。葉簇生於莖頂，蓮座狀，葉肉質，長卵形或近卵形，先端具尖頭，綠色，邊緣粉紅色。

應用

株形美觀，葉色美麗，為極佳的觀葉植物，適合擺放於餐桌、窗台等處裝飾。

▶葉簇生於莖頂，蓮座狀。

火祭

Crassula capitella 'Cam Pfire'

扦插　分株　全日照　20~28°C　喜乾燥

科名	景天科Crassulaceae	屬名	青鎖龍屬
別名	秋火蓮		
原產地	栽培種。		
土壤	喜疏鬆的沙質土壤。		

形態特徵

多年生肉質草本。葉對生，排列整齊 ，呈十字形 ，葉長圓形 ，先端鈍尖 ， 葉綠色 ，在冬季的陽光下轉成紅色。

應用

葉片紅豔似火，極為美觀，為優良的盆栽觀葉植物，適合置於陽光充足的陽台、窗台等處觀賞。

▶葉對生，排列整齊，呈十字形。

茜之塔

Crassula corymbulosa

扦插　分株　全日照　20~28℃　喜乾燥

科名	景天科Crassulaceae	屬名	青鎖龍屬
原產地	南非。		
土壤	喜疏鬆、排水良好的沙質土壤。		

形態特徵

多年生常綠草本，具分支。葉對生，三角形，先端尖，邊緣具絨毛，新葉表面呈淡紫紅色，葉背面紫紅色。花小，白色。

應用

葉形奇特，為多肉植物的著名品種之一，觀賞性極佳，適合置於陽台、窗台或餐桌上裝飾觀賞。

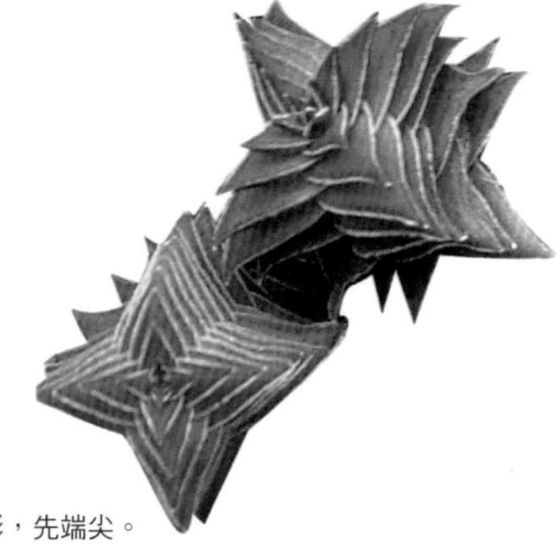

▶葉對生，三角形，先端尖。

神刀

Crassula falcata

扦插 分株 全日照 20~28℃ 喜乾燥

科名	景天科Crassulaceae	屬名	青鎖龍屬
原產地	南非。		
土壤	喜疏鬆的沙質土壤。		

形態特徵

多年生肉質草本，莖直立，株高可近1m。葉片肉質，三角形，葉先端扁，對生，似鐮刀狀，呈灰綠色。繖房狀聚繖花序頂生，花深紅色或橘紅色。

應用

葉形奇特，狀似彎刀，觀賞性極佳。盆栽適合置於陽台、窗台等處裝飾觀賞。

▲葉片肉質，呈三角形，先端扁。

花期						
	1	2	3	4	5	6
	7	8	9	10	11	12

青鎖龍

Crassula lycopodioides

扦插　分株　全日照　16~28℃　喜乾燥

科名	景天科Crassulaceae	屬名	青鎖龍屬
原產地	墨西哥。		
土壤	不擇土壤。		

形態特徵

多年生常綠草本或成纖細分支的亞灌木，株高20~30cm。葉鱗片狀，三角狀卵形，交互對生，先端漸尖或延伸成細尖狀。花小，單生或成小聚繖花序。

應用

株形美觀，為著名的多肉植物。盆栽適合擺放於桌上或窗台等處觀賞。

▲葉鱗片狀。

花期					
1	2	3	4	5	6
7	8	9	10	11	12

黑王子

Echeveria 'Black Prince'

科名	景天科Crassulaceae	屬名	石蓮花屬
原產地	栽培種。		
土壤	喜疏鬆、排水良好的土壤。		

形態特徵

多年生肉質草本植物。植株具短莖，肉質葉，排列緊密，蓮座狀，葉片匙形，頂端有小尖頭，葉呈紫黑色。聚繖花序，花小，紅色或紫紅色。

應用

株形美觀，葉排列緊湊，觀賞性佳，盆栽適合置於陽台、窗台及桌上裝飾及觀賞。

▲葉呈蓮座狀。

觀葉植物 被子植物

花期	1	2	3	4	5	6
	7	8	9	10	11	12

石蓮花

Echeveria peacockii

科名	景天科Crassulaceae	屬名	石蓮花屬
別名	蓮花掌、仙人荷花、石蓮		
原產地	墨西哥。		
土壤	不擇土壤。		

形態特徵

多年生宿根多肉植物。葉倒卵形，似荷花瓣，肥厚多汁，先端銳尖，稍帶粉藍色，葉心淡綠色，大葉微帶紫暈，表面具白粉。總狀聚繖花序，花冠紅色，花瓣不張開。

應用

生性強健，葉色美觀，常盆栽置於室內觀賞。

▶葉倒卵形，似荷花瓣。

花期						
	1	2	3	4	5	6
	7	8	9	10	11	12

仙女之舞

Kalanchoe beharensis

科名	景天科Crassulaceae	屬名	伽藍菜屬
別名	伽藍菜屬		
原產地	馬達加斯加。		
土壤	喜疏鬆、排水良好的沙質土壤。		

形態特徵

多年生肉質植物，呈樹木狀，莖木質化，高可達3m。葉輪廓為三角形，對生，邊緣深裂，波狀，具鏽紅色絨毛。

應用

株形高大，葉色秀麗，多盆栽置於客廳、陽台等處觀賞。

▶葉片邊緣深裂，波狀。

觀葉植物 被子植物

仙人之舞

Kalanchoe orgyalis

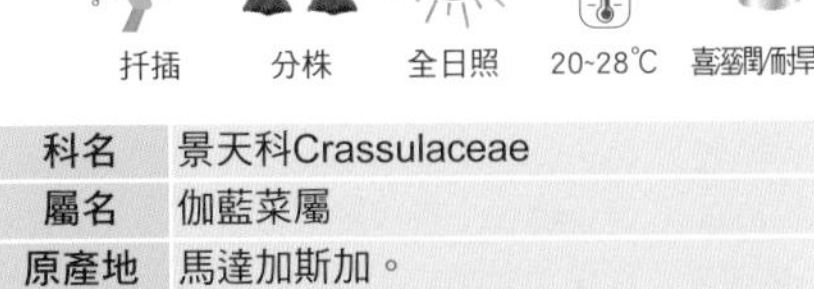

科名	景天科Crassulaceae
屬名	伽藍菜屬
原產地	馬達加斯加。
土壤	喜疏鬆、肥沃的土壤。

形態特徵

多年生肉質植物，株高約30 cm。葉長卵形，先端鈍尖 ，全緣，葉鏽紅色，老葉變綠。花黃色。

應用

葉色美觀，常盆栽置於桌上、窗台、陽台等陽光充足的地方觀賞。

唐印

Kalanchoe thyrsifolia

科名	景天科Crassulaceae
屬名	伽藍菜屬
原產地	南非。
土壤	喜疏鬆沙質土壤。

形態特徵

多年生肉質草本，多分支。葉對生，排列緊密，葉片近似卵形 ，先端鈍圓，全緣，葉淡綠，被白粉，天氣轉涼後， 葉邊緣及葉背上部呈紅色 。花小，黃色。

應用

株形美觀，葉大色美，可盆栽置於陽台、書桌等處裝飾。

趣蝶蓮

Kalanchoe synsepala

分株　走莖　全日照　15~28℃　喜乾燥

科名	景天科Crassulaceae	屬名	伽藍菜屬
別名	雙飛蝴蝶、去蝶麗		
原產地	馬達加斯加。		
土壤	喜疏鬆、肥沃的沙質壤土。		

形態特徵

多年生常綠多肉草本。對生葉卵形，有短柄，葉緣有鋸齒狀缺刻。花莛由葉腋處抽出，小花懸垂鐘形，黃綠色。

應用

為著名多肉植物，葉大美觀，盆栽適合置於窗台、書桌等處裝飾觀賞。

▲葉緣有鋸齒狀缺刻。

花期

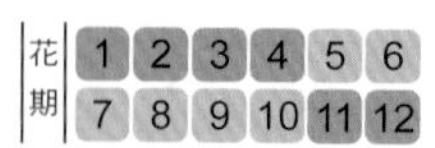

褐斑伽藍

Kalanchoe tomentosa

科名	景天科Crassulaceae	屬名	伽藍菜屬
別名	月兔耳		
原產地	馬達加斯加。		
土壤	喜肥沃、疏鬆的沙質壤土。		

形態特徵

多年生肉質草本，株高20cm左右。葉片肉質，形似兔耳，肉質匙形葉密被白色絨毛，葉邊具齒，葉片邊緣著生褐色斑紋。

應用

葉形奇特，為著名多肉植物，可盆栽置於窗台、陽台、書桌等處裝飾，視覺效果極佳。

▶葉片邊緣著生褐色斑紋。

花期						
	1	2	3	4	5	6
	7	8	9	10	11	12

棒葉落地生根

Kalanchoe tubifdia

扦插　珠芽　全日照　20~28℃　喜乾燥

科名	景天科Crassulaceae	屬名	伽藍菜屬
原產地	馬達加斯加。		
土壤	喜疏鬆的沙質土壤。		

形態特徵

多年生肉質草本，莖直立 ，粉綠色。葉圓棒狀，上表面具溝槽，粉色，葉端鋸齒，常生有已生根的小植株（珠芽）。花序頂生，小花紅色或橙色。

應用

植物小巧，形態奇特，適合盆栽置於陽台、窗台或桌上欣賞。

花期	1	2	3	4	5	6
	7	8	9	10	11	12

▶花紅色或橙色。

子持年華

Orostachys boehmeri

分株　走莖　全日照　18~28℃　喜溼潤/耐旱

科名	景天科Crassulaceae	屬名	瓦松屬
別名	白蔓蓮		
土壤	喜疏鬆、肥沃的沙質土壤。		

形態特徵

多年生肉質草本。葉肉質　，蓮座狀，灰藍色或灰綠色，圓形或長匙形，表面光滑，全緣，被有白粉。具走莖，頂端會形成一新植株。

應用

株形奇特美觀，可盆栽置於陽台、窗台、書桌等處美化觀賞。

▶葉肉質，蓮座狀。

觀葉植物　被子植物

花期						
	1	2	3	4	5	6
	7	8	9	10	11	12

姬星美人

Sedum anglicum

科名	景天科Crassulaceae	屬名	景天屬
原產地	西亞、北非。		
土壤	喜疏鬆的沙質土壤。		

形態特徵

多年生肉質植物，株高5~10 cm，莖多分支 ，葉膨大互生，倒卵圓形，綠色，常用播種、扦插和分株方式繁殖。

應用

葉片奇特美觀，可盆栽置於陽台、書桌及桌上美化觀賞，也可吊掛栽培作為室內裝飾。

▶葉膨大互生，倒卵圓形。

白佛甲

Sedum lineare 'Variegatum'

科名	景天科Crassulaceae	屬名	景天屬
原產地	栽培種。		
土壤	喜疏鬆、肥沃的土壤。		

形態特徵

多年生草本，株高10~20cm 。3葉輪生，葉線形，先端鈍尖，基部無柄，葉緣白色。花序聚繖狀，頂生，花瓣黃色。

應用

葉色美觀，淡雅秀麗，盆栽可置於陽台、客廳及臥室等處裝飾美化。

花期	1	2	3	4	5	6
	7	8	9	10	11	12

▶葉緣白色。

白菩提

Sedum morganianum

扦插　分株　全日照　20~28℃　喜乾燥

科名	景天科Crassulaceae	屬名	景天屬
別名	松鼠尾、翡翠景天		
原產地	墨西哥。		
土壤	不擇土壤。		

形態特徵

多年生常綠亞灌木。葉長圓狀披針形，肉質，淺綠色，急尖，葉易脫落，落地後易生根。頂生繖房花序，花紫紅色。

應用

為優良的室內小盆栽，可置於書桌、窗台等處欣賞，也可吊盆栽植作為居家裝飾。

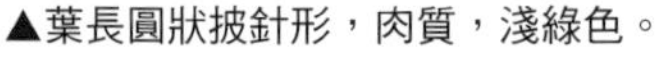

▲葉長圓狀披針形，肉質，淺綠色。

花期					
1	2	3	4	5	6
7	8	9	10	11	12

反曲景天

Sedum reflexum

科名	景天科Crassulaceae
屬名	景天屬
原產地	歐洲。
土壤	喜疏鬆、排水良好的沙質土壤。

形態特徵

多年生草本植物，株高約15~25 cm 。葉肉質，棒狀，彎曲，先端尖，葉帶有白色蠟粉，灰綠色 。花亮黃色。

應用

生性強健，葉形葉色美觀，盆栽可置於陽台、窗台等處裝飾；園林中常於路邊、山石邊栽培觀賞。

花期	1	2	3	4	5	6
	7	8	9	10	11	12

紅菩提

Sedum rubrotinctum

科名	景天科Crassulaceae
屬名	景天屬
別名	星美人、灰菩提
原產地	北非。
土壤	喜疏鬆、排水良好的沙質土壤。

形態特徵

半直立亞灌木，株高30~100 cm。莖多分支，具多數氣生根 。葉螺旋著生較密集，在支端常呈假蓮座狀，葉片圓柱狀或倒卵圓柱狀，平直或稍向上彎曲 ，先端圓鈍 ，在陽光下變紅。

應用

葉奇特，為常見的多肉植物，盆栽可置於陽台、書桌等處美化觀賞。

垂盆草

Sedum sarmentosum

扦插　分株　全日照　15~26℃　喜乾燥

科名	景天科Crassulaceae	屬名	景天屬
別名	狗牙齒、三葉佛甲草		
原產地	日本、韓國、台灣。		
土壤	不擇土壤，以排水良好的沙質土壤為佳。		

形態特徵

多年生草本。3葉輪生，葉倒披針形至長圓形 ，先端近急尖，基部急狹。聚繖花序，具分支，花瓣黃色。

應用

葉色翠綠，生長快，常用作地被植物，也可盆栽置於陽台、窗台裝飾。

▶ 葉倒披針形至長圓形。

花期					
1	2	3	4	5	6
7	8	9	10	11	12

羽衣甘藍

Brassica oleracea var. *acephala* f. *tricolor*

科名	十字花科Brassicaceae
屬名	芸薹屬
別名	綠葉甘藍、牡丹菜
原產地	栽培種。
土壤	喜腐植質豐富的沙質或黏質土壤。

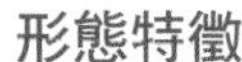

形態特徵

二年生草本，株高為30~40cm。葉片肥厚，倒卵形，被有蠟粉，有皺葉、不皺葉及深裂葉等， 葉緣有翠綠、黃綠等，中心部有純白、肉紅、 紫紅等。總狀花序，十字形花冠，花小，淡紫色。角果。

應用

葉色美麗，盆栽適合置於陽台裝飾觀賞；也可用於鮮切花。

綠之太鼓

Xerosicyos danguyi

科名	葫蘆科Cucurbitaceae
屬名	沙葫蘆屬
別名	碧雷鼓
原產地	馬達加斯加。
土壤	喜疏鬆、排水良好的沙質土壤。

形態特徵

多年生攀緣藤本。莖圓柱形，葉肉質，互生，圓形，綠色，葉柄短，具捲鬚。花小，黃綠色，雌雄異株。

應用

葉呈碧綠渾圓，極為奇特，觀賞性佳，適合置於窗台、陽台或桌上栽培觀賞。

花期	1	2	3	4	5	6
	7	8	9	10	11	12

輪傘莎草

Cyperus alternifolius ssp. *flabelliformis*

播種　分株　半日照　22~28℃　喜溼/水生

科名	莎草科Cyperaceae	屬名	莎草屬
別名	傘草、旱傘草、風車草		
原產地	非洲。		
土壤	喜富含有機質的黏質土壤。		

形態特徵

多年生草本植物，株高30~150 cm。葉鞘棕色抱莖，苞片條形，輻射開展。長側枝聚繖花序，小穗於第二次輻射枝頂端密集成近頭狀的穗狀花序，小穗橢圓形或矩圓狀披針形，白色或黃褐色。小堅果。

應用

盆栽可置於客廳、臥室及書房等空間裝飾美化。

▶小穗於第二次輻射枝頂端密集成近頭狀的穗狀花序。

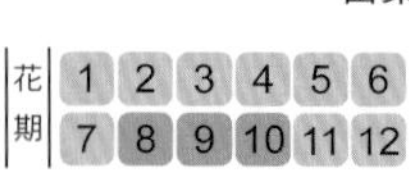

紙莎草

Cyperus papyrus

播種　分株　全日照　半日照　22~28℃　水生/溼地

科名	莎草科Cyperaceae	屬名	莎草屬
別名	埃及莎草、紙草		
原產地	非洲。		
土壤	不擇土壤。		

形態特徵

多年生常綠草本植物。高達2~3m，莖稈簇生，粗壯，直立，光滑，鈍3稜形；葉退化呈鞘狀。花序頂生，總苞葉狀，帶狀披針形。花小，淡紫色，瘦果。

應用

植株高大美觀，大型盆栽可置於大門兩側、階旁觀賞；園林中常植於庭園水景淺水處觀賞。

▶ 莖稈簇生，鈍3稜形。

花期					
1	2	3	4	5	6
7	8	9	10	11	12

捕蠅草
Dionaea muscipula

播種　分株　全日照　15~28℃　喜溼

科名	茅膏菜科Droseraceae	屬名	捕蠅草屬
原產地	北美洲。		
土壤	喜疏鬆土壤。		

形態特徵

多年生草本，株高10~30cm。基生葉小，圓形，花開時枯萎，莖生葉互生，具細柄，彎月形或扇形，基部呈凹形，分為兩半，能分泌黏液，呈露珠狀，葉緣中間有三對細毛對刺激反應靈敏。葉片通常向外張開，葉緣蜜腺散發出甜蜜的氣味。總狀花序，小花白色。蒴果。

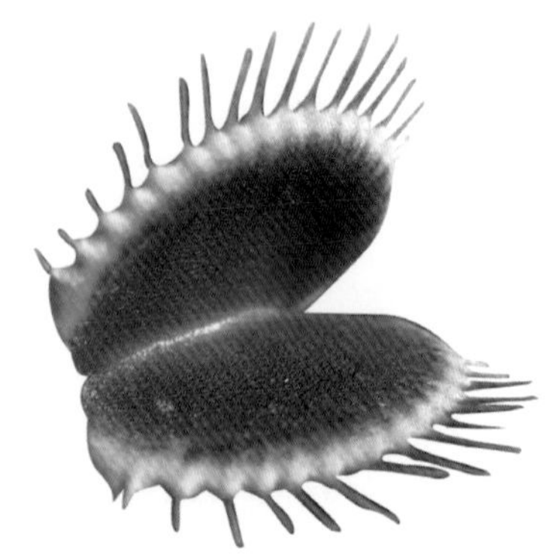

▲莖生葉頂端彎月形或扇形。

應用

葉形奇特，可捕食昆蟲，是科普教育的良好素材.。

觀葉植物　被子植物

花期	1	2	3	4	5	6
	7	8	9	10	11	12

威氏鐵莧

Acalypha wilkesiana

扦插　全日照　20~30℃　喜溼潤/耐旱

科名	大戟科Euphorbiaceae	屬名	鐵莧菜屬
別名	鐵莧菜屬		
原產地	紅葉桑、紅桑		
土壤	喜疏鬆、排水良好的土壤。		

形態特徵

常綠灌木， 株高2~3m。葉互生，紙質，長卵形或近寬披針形，古銅綠色或淺紅色，常雜有紅或紫色斑塊，頂端漸尖，基部圓鈍，邊緣具不規則鈍齒。腋生穗狀花序，花淡紫色。

應用

為常見栽培的彩葉樹種，盆栽可置於陽台、客廳等處綠美化；園林常植於路邊、牆垣邊觀賞。

花期	1	2	3	4	5	6
	7	8	9	10	11	12

▶花淡紫色。

撒金紅桑

Acalypha wilkesiana 'Java White'

科名	大戟科Euphorbiaceae	屬名	鐵莧菜屬
別名	撒金鐵莧		
原產地	栽培種。		
土壤	喜疏鬆、排水良好的土壤。		

形態特徵

多年生常綠灌木，株高約1.5 m。葉卵形，先端漸尖，基部圓鈍，葉緣有鋸齒。葉面具黃色色斑，色斑上有大小不一的綠色斑點。

應用

株形端正，葉色雅致。盆栽可置於室內綠化裝飾；園林中常植於路邊、牆垣邊及山石邊栽培觀賞。

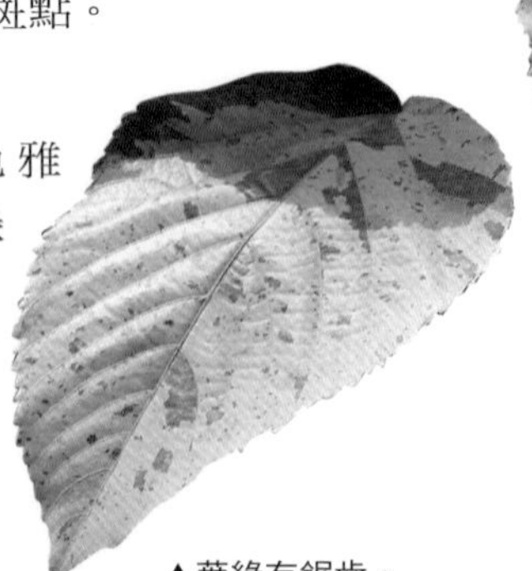

▲葉緣有鋸齒。

花期					
1	2	3	4	5	6
7	8	9	10	11	12

觀葉植物 被子植物

紅邊鐵莧

Acalypha wilkesiana var. *marginata*

科名	大戟科Euphorbiaceae	屬名	鐵莧菜屬
別名	紅邊桑		
原產地	斐濟。		
土壤	喜疏鬆、肥沃的土壤。		

形態特徵

多年生常綠灌木，株高約2m。葉長橢圓形，先端漸尖，基部楔形，邊緣具鋸齒。葉面綠色或暗綠色，邊緣紅色。

應用

生性強健，葉色美觀，盆栽可置於室內或庭院美化觀賞；也適合植於路邊、牆垣邊及林緣觀賞。

▶葉長橢圓形，先端漸尖，基部楔形。

花期						
	1	2	3	4	5	6
	7	8	9	10	11	12

雪花木

Breynia nivosa

科名	大戟科Euphorbiaceae	屬名	黑面神屬
別名	白雪樹、彩葉山漆莖		
原產地	玻利維亞。		
土壤	喜疏鬆肥沃、排水良好的沙質土壤。		

形態特徵

常綠小灌木，株高約50~120 cm。葉互生，圓形或闊卵形，全緣，葉面光滑，上有白色或白色斑紋。花小。

應用

色彩淡雅，是優良的觀葉植物。盆栽適合置於客廳、陽台、臥室作居家空間裝飾，或是用於桌面布置；園林中常叢植、列植或群植於路邊、山石邊、牆垣處觀賞。

▲葉面光滑，上有白色或白色斑紋。

花期					
1	2	3	4	5	6
7	8	9	10	11	12

變葉木

Codiaeum variegatum

科名	大戟科Euphorbiaceae	屬名	變葉木屬
別名	灑金榕		
原產地	馬來西亞及太平洋諸島嶼。		
土壤	不擇土壤，喜肥沃、排水良好的土壤。		

形態特徵

常綠灌木，株高1~3m。單葉互生，條形至矩圓形，厚革質，邊緣全緣或者分裂，波浪狀或螺旋狀扭曲。葉片上常具有白、紫、黃、紅色的斑塊和紋路。總狀花序生於上部葉腋，花小，白色，不顯眼。

應用

栽培種極多，常盆栽置於室內或庭院綠化；園林中常用於路邊、草地邊緣、山石邊、林緣處綠化。

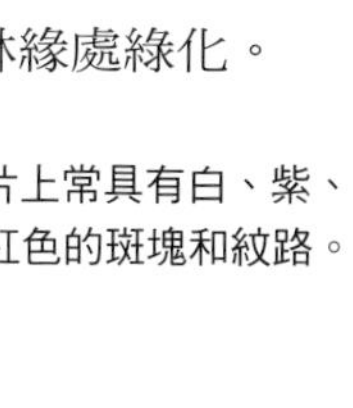

▶葉片上常具有白、紫、黃、紅色的斑塊和紋路。

花期						
	1	2	3	4	5	6
	7	8	9	10	11	12

金光變葉木

Codiaeum variegatum 'Chrysophylia'

扦插

高壓

全日照

22~30℃

喜溼潤

科名	大戟科Euphorbiaceae	屬名	變葉木屬
別名	金光灑金榕		
原產地	栽培種。		
土壤	喜疏鬆、肥沃的土壤。		

形態特徵

常綠灌木，株高80~150cm。葉互生，長橢圓形，先端尖，基部楔形，全緣，葉面具不規則的金黃色斑。

應用

盆栽可置於臥室、客廳、陽台或庭院等處裝飾觀賞；園林中可於路邊、牆垣邊或草地中單植或列植栽培。

▶葉面具不規則的金黃色斑。

花期	1	2	3	4	5	6
	7	8	9	10	11	12

紅背桂

Excoecaria cochinchinensis

扦插　半日照　20~30℃　喜溼潤

科名	大戟科Euphorbiaceae	屬名	土沉香屬
別名	紫背桂、青紫木		
原產地	中印半島。		
土壤	喜肥沃、排水良好的微酸性沙質土壤。		

形態特徵

常綠灌木，株高1~2m左右。單葉對生，葉片呈寬披針形至卵狀披針形，先端漸尖，基部楔形，葉緣有鋸齒。葉面鮮綠色至翠綠色，有光澤，葉背紫紅色。花細小，淡黃色，無花瓣。蒴果。

應用

生性強健，葉色美觀。盆栽適合置於陽台、客廳等處觀賞，也適合庭院的路邊綠化；園林中常遍植作為綠籬。

▲葉背紫紅色。

花期	1	2	3	4	5	6
	7	8	9	10	11	12

紫錦木

Euphorbia cotinifolia

科名	大戟科Euphorbiaceae	屬名	大戟屬
別名	肖黃櫨、非洲紅		
原產地	熱帶美洲。		
土壤	喜疏鬆、排水良好的土壤。		

形態特徵

常綠喬木，株高約2~3m。葉3枚輪生，圓卵形，先端鈍圓，基部近截平，全緣，兩面紅色。花序生於二歧分支的頂端，雄花多數，雌花子房3稜狀。蒴果。

應用

為常見的彩葉樹種之一，大型盆栽可置於廳堂或走廊兩側美化觀賞；園林中常單植、群植或列植於路邊、草地邊緣等處觀賞。

▶葉3枚輪生，兩面紅色。

乳漿大戟

Euphorbia esula

科名	大戟科Euphorbiaceae
屬名	大戟屬
別名	貓眼草、華北大戟
原產地	歐亞大陸、中國。
土壤	不擇土壤。

形態特徵

多年生草本，莖單生或叢生。葉線形至卵形，變化較大，先端鈍或鈍尖，基部楔形至平截，無柄，不育枝常為松針狀。花序單生於二歧分支頂端，雄花多數，雌花1枚。蒴果。

應用

株形美觀，葉清秀，可植於庭院綠化。

猩猩草

Euphorbia heterophylla

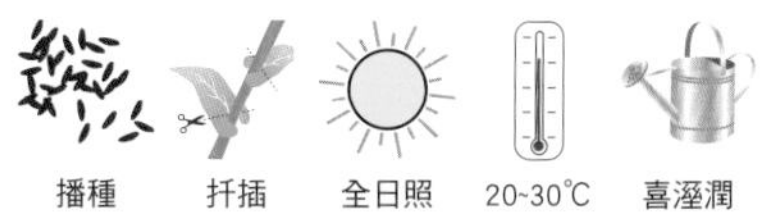

科名	大戟科Euphorbiaceae
屬名	大戟屬
別名	火苞草、草本一品紅
原產地	中南美洲。
土壤	不擇土壤。

形態特徵

一年生草本 ，株高50~100cm。葉互生，提琴形或卵狀橢圓形，全緣、波狀或淺鋸齒。各分支頂端的葉片變為苞片，基部紅色，看似花瓣。花黃色，花小。蒴果。

應用

盆栽適合置於陽台、頂樓花園或庭院綠美化；園林中可用於布置花圃或植於路邊欣賞。

龍骨
Euphorbia trigona

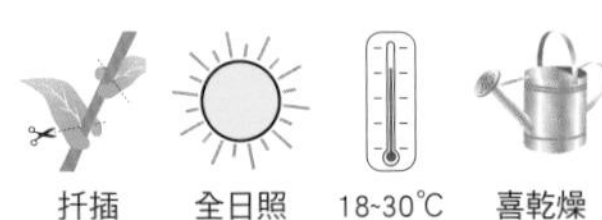
扦插　全日照　18~30℃　喜乾燥

科名	大戟科Euphorbiaceae
屬名	大戟屬
別名	彩雲閣、三角大戟
原產地	加蓬。
土壤	喜疏鬆的沙質土壤。

形態特徵
多年生肉質灌木，全株含白色乳汁，分枝直立狀，常密集成叢生長，具3稜，綠色。葉片匙形，葉基兩側各生一尖刺。花單性。

應用
株形奇特美觀，可盆栽置於陽台、窗台、客廳等處裝飾，也適合書桌或桌上擺放觀賞。

花期
1 2 3 4 5 6
7 8 9 10 11 12

紅龍骨
Euphorbia trigona f. *variegate*

扦插　全日照　18~30℃　喜乾燥

科名	大戟科Euphorbiaceae
屬名	大戟屬
別名	紅彩雲閣
原產地	栽培種。
土壤	喜疏鬆的沙質土壤。

形態特徵
多年生肉質灌木，全株含白色乳汁，分支直立狀，常密集成叢生長，具3稜，暗紅色。葉片匙形，暗紅色，葉基兩側各生一尖刺。花單性。

應用
色澤美觀，常盆栽置於陽台、窗台、客廳等處裝飾。

花期
1 2 3 4 5 6
7 8 9 10 11 12

紅雀珊瑚

Pedilanthus tithymaloides

科名	大戟科Euphorbiaceae	屬名	紅雀珊瑚屬
別名	大銀龍、洋珊瑚		
原產地	美洲熱帶。		
土壤	不擇土壤，喜排水良好的沙質土壤。		

形態特徵

多年生草本植物，株高3~4m。葉卵形至卵狀矩圓形，葉面不平整，先端短尖，邊緣波形。聚繖花序頂生，鮮紅色或紫色。

應用

葉色美觀，觀賞性較強，盆栽適合置於書桌、餐桌等處裝飾，大型盆栽可用於布置客廳、書房一隅。

▲聚繖花序頂生，鮮紅色或紫色。

花期	1	2	3	4	5	6
	7	8	9	10	11	12

錫蘭葉下珠
Phyllanthus myrtifolius

科名	大戟科Euphorbiaceae
屬名	葉下珠屬
別名	瘤腺葉下珠
原產地	斯里蘭卡。
土壤	不擇土壤，以疏鬆的土壤為佳。

形態特徵

灌木，株高約50cm。葉片革質，倒披針形，頂端鈍或急尖，基部淺心形。花雌雄同株，數朵簇生於葉腋，花梗絲狀。蒴果扁球形。

應用

株形美觀，小葉秀麗，果實小巧。盆栽適合置於光線明亮的陽台、窗台等處栽培觀賞；園林中常植於路邊及牆垣邊作綠美化。

觀葉天竺葵
Pelargonium hybrida

科名	牻牛兒苗科Geraniaceae
屬名	天竺葵屬
原產地	雜交種。
土壤	喜疏鬆、肥沃的土壤。

形態特徵

多年生常綠草本，株高30~60cm。葉輪廓為心形，掌狀淺裂，葉中心為繡紅色，邊緣為淡黃色。

應用

葉極美觀，為優良的觀葉品種。適合盆栽置於陽台、窗台、臥室及客廳等處觀賞。

花期					
1	2	3	4	5	6
7	8	9	10	11	12

地毯草

Axonopus compressus

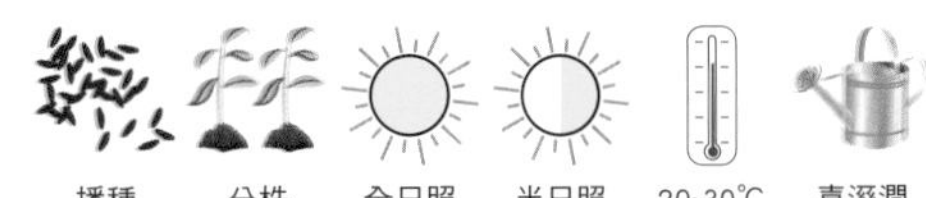

科名	禾本科Poaceae
屬名	地毯草屬
別名	大葉油草
原產地	美洲熱帶。
土壤	喜疏鬆、排水良好的土壤。

形態特徵

多年生匍匐草本，株高約20~30cm。葉片扁平，線狀長圓形，質地較柔軟，先端鈍形或急尖，基部近心形。總狀花序2枚對生，或3枚指狀著生，小穗貼向穗軸，第一小花僅存外稃，第二小花兩性。穎果。

應用

葉翠綠，終年常綠，適合作為環境的草坪綠化；葉嫩，可用作飼料。

鳳凰竹

Bambusa multiplex var. *multiplex* 'Fernleaf'

科名	禾本科Poaceae
屬名	蓊竹屬
別名	鳳尾竹
原產地	中國、台灣。
土壤	喜疏鬆、肥沃的土壤。

形態特徵

叢生灌木， 株高3~6m，稈中空，小枝梢下彎，具9~13片葉，葉片較原變種短而窄，線形。假小穗單生或簇生。穎果。極少開花。

應用

植株形態美觀，枝葉秀麗，為優良的觀葉樹種。盆栽可置於陽台、客廳等處裝飾；園林常作綠籬栽培。

觀音竹

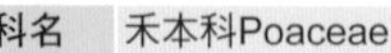

Bambusa multiplex var. *riviereorum*

分株　全日照　18~30℃　喜溼潤

科名	禾本科Poaceae
屬名	簕竹屬
原產地	越南。
土壤	喜疏鬆、肥沃的土壤。

形態特徵

叢生灌木，株高4~7m。葉片線形，上表面無毛，下表面粉綠密被短柔毛，先端漸尖具細尖頭，基部近圓形或楔形。假小穗單生或簇生。穎果。極少開花。

應用

枝葉秀麗，盆栽可置於陽台、客廳及頂樓花園等處裝飾；適合園林中植於路邊、牆垣邊觀賞，也適合做綠籬。

佛肚竹

Bambusa ventricosa

扦插　分株　全日照　18~30℃　喜溼潤

科名	禾本科Poaceae
屬名	箣竹屬
別名	大肚竹、佛竹、葫蘆竹
原產地	中國。
土壤	喜疏鬆、肥沃的土壤。

形態特徵

多年生常綠灌木，稈高2~5m，節間圓柱形，下部略腫脹。葉片線狀披針形至披針形，上表面無毛，下表面密生短柔毛，先端漸尖具鑽狀尖頭，基部近圓形或寬楔形。假小穗單生或簇生，小穗含二性小花。

應用

株形美觀，形態奇特，常於路邊、牆垣邊或山石邊栽培觀賞，也可植於階前或是作廳堂綠化。

粉綠狐尾藻

Myriophyllum aquaticum

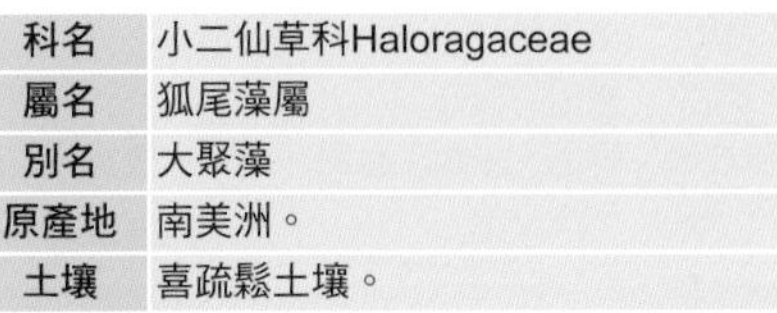

科名	小二仙草科Haloragaceae
屬名	狐尾藻屬
別名	大聚藻
原產地	南美洲。
土壤	喜疏鬆土壤。

形態特徵

多年生挺水或沉水草本植物，植株長度50~80cm。莖上部直立，下部具有沉水性。葉輪生，多為5葉輪生，葉片圓扇形，一回羽狀，兩側有8~10片淡綠色的絲狀小羽片。雌雄異株，穗狀花序，白色。分果。

應用

盆栽可置於光線明亮等處栽培；公園、風景區常用於水體或水岸邊溼地種植。

蚊母樹

Distylium racemosum

科名	金縷梅科Hamamelidaceae
屬名	蚊母樹屬
別名	蚊子樹、米心樹
原產地	日本、韓國、中國、台灣。
土壤	喜肥沃、溼潤的土壤。

形態特徵

常綠灌木或小喬木。葉革質，橢圓形或倒卵狀橢圓形，先端鈍或略尖，基部闊楔形，發亮。總狀花序，雌雄花均在一個花序上。蒴果。

應用

可修剪成球形盆栽，裝飾門廊；因其枝葉細密、隔音防塵效果佳，為綠化的優良材料。

楓香

Liquidambar formosana

播種　扦插　全日照　16~28°C　喜溼潤/耐旱

科名	金縷梅科Hamamelidaceae	屬名	楓香樹屬
別名	楓樹、楓仔		
原產地	韓國、中國、台灣、越南、寮國。		
土壤	不擇土壤。		

形態特徵

高大喬木，株高可達40m。樹冠廣卵形或略扁平。葉常為掌狀3裂，基部心形或截形，裂片先端尖，緣有鋸齒。雌雄同株，雄花序短穗狀，雌花序頭狀，單生葉腋。聚合果球形。

應用

株形挺拔，葉片秋季轉紅，園林中常用作風景樹或行道樹，也可用作庭蔭樹種。

▶聚合果球形。

紅繼木

Loropetalum chinense var. *rubrum*

科名	金縷梅科Hamamelidaceae	屬名	繼木屬
別名	紅花繼木		
原產地	日本、中國、印度。		
土壤	喜疏鬆、肥沃的土壤。		

形態特徵

常綠灌木，株高1~2m。葉互生，革質，暗紫色，卵形或橢圓形，先端銳尖，全緣。花瓣4枚，紫紅色線形。蒴果倒卵圓形。

應用

常作灌木栽培，盆栽可置於陽台、客廳等處裝飾，是庭院綠化的良材。

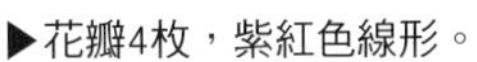
▶花瓣4枚，紫紅色線形。

水鱉

Hydrocharis dubia

分株　全日照　16~30℃　水生

科名	水鱉科Hydrocharipaceae	屬名	水鱉屬
原產地	日本、中國、越南、爪哇、菲律賓、伊裡安島、印度、新幾內亞、澳大利亞。		
土壤	不擇土壤。		

形態特徵

水生浮葉植物。雌雄同株，有時為雌雄異株。葉漂浮，有的沉水，卵狀心形至寬卵形，先端鈍圓至寬銳尖，基部多少心形或腎形，有時截形，稀腎形。花白色。果近球形。

▲花白色。

應用

盆栽可裝飾陽台、窗台等處，也適合用於庭院的水景裝飾；園林中常用於水體綠化；葉可作魚餌及豬飼料。

藥用

入藥可治療婦女赤白帶下。

花期	1	2	3	4	5	6
	7	8	9	10	11	12

觀葉植物　被子植物

燈芯草

Juncus effusus

播種　分株　全日照　15~28℃　喜溼潤

科名	燈芯草科 Juncaceae
屬名	燈芯草屬
別名	秧草、水燈芯、燈心草
原產地	中國。
土壤	不擇土壤。

形態特徵

多年生叢生草本，株高40~100 cm。莖直立，具縱條紋，質軟，內部充滿乳白色的髓。葉片退化為刺芒狀。花序聚繖狀，花灰黃色，花被片6。種子黃褐色，卵狀長圓形。

應用

株形美觀，適合公園、綠地或溼地等近水處栽培觀賞；莖稈可用於編織；髓可作燈芯。

彩葉草

Coleus blumei

播種　扦插　全日照　15~30℃　喜溼潤

科名	唇形科 Labiatae
屬名	鞘蕊花屬
別名	五色草、洋紫蘇
原產地	印尼爪哇島。
土壤	喜疏鬆、肥沃的土壤。

形態特徵

多年生觀葉草本，株高40~90 cm。葉對生，寬卵形或卵狀心形，邊緣有粗鋸齒，葉背面常有絨毛。葉在綠色襯底上有紫、粉紅、紅、淡黃、橙等彩色斑紋。圓錐花序，花小，淡藍或白色。

應用

盆栽可置於案几、窗台、陽台處栽培觀賞；園林中常用於路邊、花圃、林緣綠化或作鑲邊材料。

齒葉薰衣草

Lavandula dentata

播種　扦插　全日照　15~25℃　喜溼潤

科名	唇形科 Labiatae
屬名	薰衣草屬
原產地	法國、西班牙。
土壤	喜疏鬆、排水良好的沙質土壤。

形態特徵

常綠灌木。叢生，株高約60 cm，全株被白色絨毛。葉對生，披針形，葉具鋸齒，灰綠色。穗狀花序，花小，具芳香，紫藍色。

應用

株形小巧，葉色美觀，盆栽可置於客廳、案几、窗台及臥室觀賞。

花期 1 2 3 4 5 6 7 8 9 10 11 12

甜蜜薰衣草

Lavandula × heterophylla

播種　扦插　全日照　15~25℃　喜溼潤

科名	唇形科Labiatae
屬名	薰衣草屬
別名	甜薰衣草
原產地	狹葉薰衣草與齒葉薰衣草的雜交種。
土壤	喜排水良好、肥沃的土壤。

形態特徵

常綠灌木，株高約60cm。葉對生，狹披針形，葉的上部具鋸齒，下部全緣，先端漸尖，基部楔形，灰綠色。穗狀花序，淡藍色，具芳香，管狀。

應用

盆栽適合臥室、書房或陽台等處應用，也可用於點綴庭院一隅。

闊葉薰衣草

Lavandula latifofia

科名	唇形科Labiatae
屬名	薰衣草屬
原產地	地中海地區。
土壤	喜疏鬆、排水良好的土壤。

形態特徵

多年生草本，株高60cm左右。全株被白色絨毛。葉對生，披針形，葉的中上部具鋸齒，下部全緣，先端漸尖，基部楔形，灰綠色。穗狀花序，藍紫色，具芳香。

應用

盆栽適合置於臥室、書房或陽台等處栽培，也是點綴庭院的優良材料；花可用來製作花草茶或製作糕餅等。

紫蘇

Perilla frutescens

科名	唇形科Labiatae
屬名	紫蘇屬
別名	香蘇、白蘇
原產地	日本、韓國、中國、緬甸。
土壤	不擇土壤

形態特徵

一年生草本。葉對生，有長柄，葉邊緣有小鋸齒，葉面多皺紋，紫色或綠色。輪繖花序，花冠白色或紫色。堅果近球形。

應用

葉紫色者可作為觀賞植物，適合庭院的路邊、牆垣等處栽培；種子可榨油，葉可食用。

迷迭香

Rosmarinus officinalis

科名	唇形科Labiatae
屬名	迷迭香屬
別名	艾菊、海之露珠
原產地	歐洲及北非地中海沿岸。
土壤	喜疏鬆、排水良好的土壤。

形態特徵

常綠多年生亞灌木，株高2m。葉常在枝上叢生，具極短的柄或無柄，葉片線形，全緣，革質，具光澤。花近無梗，對生，花萼藍紫色。堅果。

應用

著名香料植物，盆栽適合置於陽台、窗台或明亮的桌上觀賞，也可用於庭院綠化；葉及著花短枝可提煉芳香精油。

蘭嶼肉桂

Cinnamomum kotoense

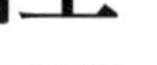

科名	樟科 Lauraceae
屬名	樟屬
別名	平安樹、紅頭嶼肉桂
原產地	中國、台灣的蘭嶼。
土壤	喜疏鬆肥沃、排水良好、富含有機質的酸性沙質土壤。

形態特徵

常綠小喬木，株高可達5~10m。葉片對生或近對生，卵形或卵狀長橢圓形，先端尖，厚革質。葉片碩大，表面亮綠色。果卵球形。

應用

株形美觀，葉色翠綠，為常見的觀葉植物。多室內盆栽養護、公共空間裝飾。

蔓花生

Arachis duranensis

科名	豆科Fabaceae
屬名	蔓花生屬
別名	長喙花生
原產地	亞洲熱帶及南美洲。
土壤	不擇土壤。

形態特徵

多年生宿根草本植物，枝條呈蔓性，株高10~15cm。葉互生，倒卵形，全緣。花為腋生，蝶形，金黃色。莢果。

應用

葉形葉色均佳，花期長，終年常綠，適合植於庭院、牆邊綠化觀賞；園林中應用廣泛，常用作地被植物。

蝙蝠草

Christia vespertilionis

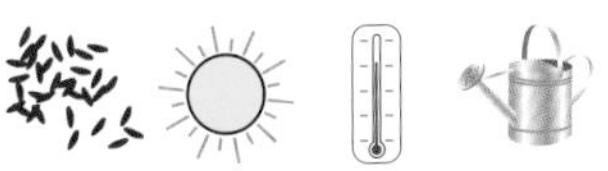

科名	豆科Fabaceae
屬名	蝙蝠草屬
別名	蝴蝶草、飛機草
原產地	中國。
土壤	不擇土壤。

形態特徵

多年生草本，株高60~120cm。葉通常為單小葉，稀有3小葉，小葉近革質，灰綠色，頂生小葉菱形、長菱形或元寶形，先端寬而截平，基部略呈心形；側生小葉倒心形或倒三角形，先端截平，基部楔形或近圓形。總狀花序頂生或腋生，有時組成圓錐花序，花冠黃白色。莢果。

應用

葉形奇特，多盆栽觀賞。

跳舞草

Codariocalyx motorius

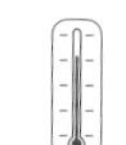

播種　扦插　全日照　16~28℃　喜溼潤

科名	豆科Fabaceae	屬名	舞草屬
別名	舞草		
原產地	中國、台灣、東南亞。		
土壤	喜疏鬆、排水良好的土壤。		

形態特徵

直立灌木，株高可達1.5m。葉為三出複葉，側生小葉小或缺，而僅具單小葉，頂生小葉長橢圓形或披針形，先端圓或急尖，基部鈍或圓。圓錐花序或總狀花序頂生或腋生，花冠紫紅色。莢果。

應用

在溫度適宜時，側生的線形小葉會按橢圓形軌道舞動，為良好的科普教材，多盆栽置於窗台、陽台觀賞。

▶花冠紫紅色。

花期						
	1	2	3	4	5	6
	7	8	9	10	11	12

觀葉植物　被子植物

黃脈刺桐

Erythrina variegata var. *picta*

科名	豆科Fabaceae	屬名	刺桐屬
別名	金脈刺桐		
原產地	栽培種。		
土壤	喜疏鬆、肥沃的土壤。		

形態特徵

高大落葉喬木，株高可達20m。樹幹具粗刺。葉為三出羽狀複葉，互生，小葉平滑，近菱形，葉脈金黃色。總狀花序生於枝頭，花蝶形，紅色。莢果。

應用

葉色美觀，花美麗。大型盆栽適合廳堂或闈廊處擺放觀賞；園林中常單植或列植栽培。

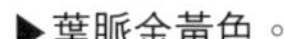

▶葉脈金黃色。

蘆薈
Aloe vera

分株　全日照　半日照　16~28℃　喜乾燥/忌水溼

科名	百合科Liliaceae	屬名	蘆薈屬
別名	庫拉索蘆薈		
原產地	西印度群島和巴巴多斯島。		
土壤	喜疏鬆、排水良好的沙質土壤。		

形態特徵

多年生常綠草本，莖較短，葉簇生於莖頂，直立或近於直立，肥厚多汁，呈狹披針形，粉綠色，邊緣有刺狀小齒。花莖單生或稍分枝，總狀花序疏散，黃色或有赤色斑點。

▶邊緣有刺狀小齒。

應用

葉色美觀，可作觀葉植物栽培。盆栽可置於陽台、窗台等處擺放；可炒食，需將皮去掉，不宜常食及過量食用。

藥用

葉片可入藥，具有清熱、通便、殺蟲的功效。

狐尾武竹

Asparagus densiflorus 'Meyeri'

扦插　分株　全日照　22~28℃　喜溼潤

科名	百合科Liliaceae
屬名	天門冬屬
別名	狐尾天門冬
原產地	栽培種。
土壤	不擇土壤。

形態特徵

多年生草本植物，株高30~70cm。植株叢生，呈放射狀，莖直立，圓筒狀，稍彎曲。葉片細小呈鱗片狀或柄狀，鮮綠色。小花白色，具清香。漿果。

應用

株形秀麗，枝條柔軟可愛。常盆栽置於廳堂、陽台等處裝飾或用於庭園綠化；切葉可作為插花配材。

松葉武竹

Asparagus mgriocladus

播種　扦插　全日照　18~28℃　喜溼潤

科名	百合科Liliaceae
屬名	天門冬屬
別名	蓬萊松
原產地	南非。
土壤	喜疏鬆，肥沃排水良好的土壤。

形態特徵

多年生常綠草本植物，株高30~60cm。葉鱗片狀或刺狀，新葉鮮綠色。花淡紅色。漿果。

應用

株形秀麗，姿態雅致，常盆栽觀賞，可陳設於室內書房、客廳等處，或是布置花圃、牆垣邊或山石旁。

花期						
	1	2	3	4	5	6
	7	8	9	10	11	12

文竹

Asparagus setaceus

播種 分株 半日照 18~28℃ 喜溼潤

科名	百合科Liliaceae
屬名	天門冬屬
別名	雲片竹、山草
原產地	南非。
土壤	喜富含腐植質，排水良好的沙質土壤。

形態特徵

多年生草本植物，株高可達0.5~1m。莖光滑柔細，呈攀緣狀，分枝極多。葉纖細，水準開展，葉小，真葉退化為鱗片或刺。花小，兩性，白色。漿果球形，紫黑色。

應用

株形美觀，為常見的觀葉植物，多盆栽，適合室內擺放觀賞，也可供壁飾、吊盆室內裝飾。

蜘蛛抱蛋

Aspidistra elatior

分株 半日照 18~28℃ 喜溼潤

科名	百合科Liliaceae
屬名	蜘蛛抱蛋屬
別名	一葉蘭
原產地	中國。
土壤	喜排水良好、肥沃的沙質土壤。

形態特徵

多年生常綠草本植物。葉單生，矩圓形披針形、披針形至近橢圓形，先端漸尖，基部楔形。花單生，呈鐘狀，緊附地面，褐紫色。

應用

葉形美觀，終年常綠。盆栽適合陽台、客廳或書房等處擺放觀賞，也可地栽於庭院一隅欣賞。

狹葉星點蜘蛛抱蛋

Aspidistra elatior 'Ginga'

分株　半日照　18~28℃　喜溼潤

科名	百合科Liliaceae
屬名	蜘蛛抱蛋屬
原產地	栽培種。
土壤	喜排水良好、肥沃的沙質土壤。

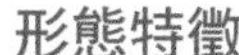

形態特徵

多年生常綠草本植物。葉單生，矩圓形披針形，葉片較原種狹窄，先端漸尖，基部楔形，葉面布有白色斑點。花單生，花鐘狀，緊附地面，褐紫色。

應用

葉形飄逸，終年常綠。常盆栽置於室內觀賞。

白紋蜘蛛抱蛋

Aspidistra elatior 'Variegata'

分株　半日照　18~28℃　喜溼潤

科名	百合科Liliaceae
屬名	蜘蛛抱蛋屬
別名	白紋一葉蘭
原產地	栽培種。
土壤	喜排水良好、肥沃的沙質土壤。

形態特徵

多年生常綠草本 。葉單生 ，矩圓形披針形 、披針形至近橢圓形 ，先端漸尖，基部楔形，葉片具白色條紋。花單生，呈鐘狀，緊附地面，褐紫色。

應用

株形美觀，葉色淡雅，終年常綠，為優良的觀葉植物。可盆栽置於室內裝飾；園林中常植於路邊、山石邊欣賞。

銀邊草

Chlorophytum capense 'Variegatum'

分株　半日照　20~28℃　喜溼潤

科名	百合科Liliaceae	屬名	吊蘭屬
原產地	西非。		
土壤	喜疏鬆、肥沃的沙質土壤。		

形態特徵

多年生常綠草本，根狀莖短。葉劍形，綠色，邊緣白色，兩邊稍變狹。花葶比葉長，常直立，具多枝的圓錐花序，花序末端不具葉簇或幼小植株。

應用

葉形飄逸，株形美觀多盆栽。適合於窗台、客廳等處擺放觀賞，也適合庭院的假山石邊、路邊綠化造景。

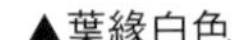

▲葉緣白色。

花期　1 2 3 4 5 6 7 8 9 10 11 12

觀葉植物　被子植物

吊蘭

Chlorophytum comosum

走莖　分株　半日照　20~28℃　喜溼潤

科名	百合科Liliaceae	屬名	吊蘭屬
別名	掛蘭、垂盆草		
原產地	南非。		
土壤	喜肥沃、疏鬆、排水良好的土壤。		

形態特徵

多年生常綠草本植物。根狀莖短，具簇生的圓柱形肉質鬚根。葉片基生，條形至長披針形，全緣或略具波狀，綠色。葉叢中抽生出走莖，花後形成匍匐莖。總狀花序，花小，白色，簇生於頂端。

應用

株形美觀，走莖上以吊盆式栽培的小植株極為奇特。盆栽適合室內栽培觀賞。

藥用

民間取全草煎服，可治聲音嘶啞。

▲花小，白色。

花期					
1	2	3	4	5	6
7	8	9	10	11	12

銀心吊蘭

Chlorophytum comosum 'Picturautm'

科名	百合科Liliaceae	屬名	吊蘭屬
別名	銀心掛蘭		
原產地	栽培種。		
土壤	喜肥沃、疏鬆、排水良好的土壤。		

形態特徵

多年生常綠草本植物，具簇生的圓柱形肉質鬚根。葉片基生，條形至長披針形，全緣或略具波狀，葉中心具白色條紋。葉叢中抽生出走莖，花後形成匍匐莖 。總狀花序，花白色，簇生於頂端。

應用

葉色美觀，比原種觀賞性更佳，常盆栽置於臥室、客廳等處觀賞，也可吊掛栽培。

▲葉中心具白色條紋。

銀邊吊蘭

Chlorophytum comosum 'Variegatum'

走莖　分株　半日照　20~28℃　喜溼潤

科名	百合科Liliaceae	屬名	吊蘭屬
別名	銀邊掛蘭		
原產地	栽培種。		
土壤	喜肥沃、疏鬆、排水良好的土壤。		

形態特徵

多年生常綠草本植物，具簇生的圓柱形肉質鬚根。葉片基生，條形至長披針形，全緣或略具波狀，葉邊緣白色。葉叢中抽生出走莖，花後形成匍匐莖。總狀花序，花白色，簇生於頂端。

應用

葉片清秀美觀，多盆栽，可置於臥室、客廳等處觀賞，也可吊掛栽培。

▶葉邊緣白色。

觀葉植物　被子植物

油點百合
Drimiopsis kirkii

科名	百合科Liliaceae
屬名	油點百合屬
原產地	南非。
土壤	喜疏鬆、排水良好的土壤。

形態特徵

多年生鱗莖植物，株高約10~15cm， 紫紅色的莖肥大呈酒瓶狀，莖頂著生3~5片肉質葉子，葉綠色，上布有不規則的斑點，葉背紫紅色。圓錐花序，小花綠色。

應用

葉色美觀，多盆栽，適合陽台、窗台或案几擺放觀賞，也可用於觀光溫室栽培。

花期					
1	2	3	4	5	6
7	8	9	10	11	12

子寶
Gasteria maculata

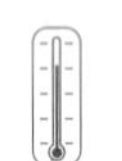

科名	百合科Liliaceae
屬名	沙魚掌屬
別名	孖寶
原產地	南非。
土壤	不擇土壤。

形態特徵

幼年期無莖，老株有明顯的莖，堅硬的肉質葉排成2列，但葉片數很少。葉舌狀，先端尖，基部厚、先端薄，葉緣角質化，表面深綠色，上有星散的白斑。總狀花序，色粉紅有綠尖。

應用

株形小巧，為常見的觀葉植物，盆栽可裝飾辦公桌、書桌等。

闊葉麥冬

Liriope platyphylla

播種 分株 全日照 半日照 16~28°C 喜溼潤

科名	百合科Liliaceae
屬名	山麥冬屬
別名	闊葉山麥冬
原產地	日本、中國。
土壤	喜疏鬆、排水良好的土壤。

形態特徵

多年生草本，具塊根。葉密集成叢，革質，先端急尖或鈍，基部漸狹。花葶通常長於葉，總狀花序，具多花，花紫色或紅紫色。種子球形。

應用

葉形飄逸，適合公園、綠地路邊、山石邊遍植觀賞，也是地被的優良材料。

山麥冬

Liriope spicata

播種 分株 全日照 半日照 16~28°C 喜溼潤

科名	百合科Liliaceae
屬名	山麥冬屬
原產地	日本、中國、越南。
土壤	不擇土壤。

形態特徵

多年生草本，具塊根。葉叢生，先端急尖或鈍，基部常包以褐色的葉鞘，上面深綠色，背面粉綠色，葉緣具細鋸齒。花葶通常長於或等長於葉，總狀花序，具多花，淡紫色或淡藍色。種子近球形。

應用

葉形飄逸，適合公園、綠地路邊、山石邊遍植觀賞，也是地被的優良材料。

禾葉麥冬

Liriope graminifolia

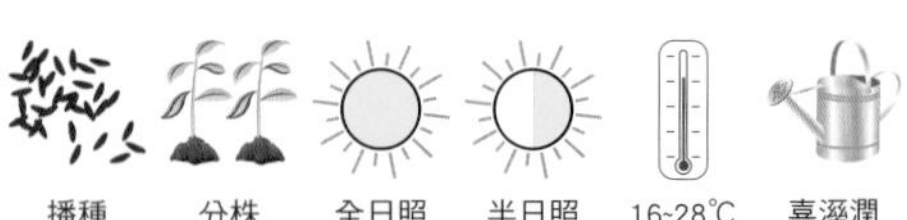

播種　分株　全日照　半日照　16~28℃　喜溼潤

科名	百合科Liliaceae
屬名	山麥冬屬
別名	禾葉山麥冬
原產地	中國、台灣。
土壤	不擇土壤。

形態特徵

多年生草本，具塊根。葉叢生，先端鈍或漸尖，具5條葉脈，近全緣，但先端邊緣具細齒。花葶通常短於葉，總狀花序，具多花，白色或淡紫色。種子近球形。

應用

葉形美觀，適合作地被植物，也可於林緣、草坪邊緣、假山石或水岸邊栽培觀賞。

沿階草

Ophiopogon bodinieri

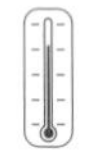

播種　分株　全日照　16~28℃　喜溼潤

科名	百合科Liliaceae
屬名	沿階草屬
原產地	日本、中國。
土壤	喜肥沃排水良好的土壤。

形態特徵

多年生常綠草本。葉叢生於基部，葉緣粗糙，狹線形，短小的總狀花序，小花淡紫色，果藍色。

應用

四季常綠，株形美觀，常用作地被植物栽培，也適合園路邊緣、林下、林緣、山石邊栽培觀賞；是優良的水土保持植物。

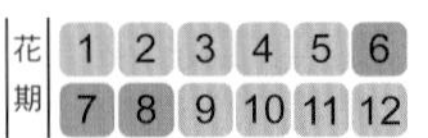

麥冬

Ophiopogon japonicus

播種　分株　全日照　16~28℃　喜溼潤/耐旱

科名	百合科Liliaceae
屬名	沿階草屬
別名	麥門冬
原產地	日本、中國、越南、印度。
土壤	不擇土壤。

形態特徵

多年生草本。葉基生，禾葉狀，先端漸尖，邊緣具細齒，基部葉柄不明顯，邊緣具膜質葉鞘。花葶較葉短，總狀花序具幾至十餘朵花，花白色，淡紫色或紫色，一般不張開。

應用

終年常綠，葉色美觀，常用作地被植物，也適合林緣、路邊、山石邊或水岸邊綠化。

金絲沿階草

Ophiopogon jaburan var. *argenteo-vitnthes*

播種　分株　全日照　16~28℃　喜溼潤/耐旱

科名	百合科Liliaceae
屬名	沿階草屬
別名	假金絲馬尾
原產地	栽培變種。
土壤	不擇土壤。

形態特徵

多年生草本。葉基生，禾葉狀，先端漸尖，基部葉柄不明顯，邊緣具膜質葉鞘。花葶較葉短，葉邊緣或中間有白色縱紋，總狀花序，花白色，淡紫色或紫色。

應用

葉色美觀，為優良的觀葉植物，常用作地被植物，也適合林緣、路邊、山石邊或水岸邊叢植或遍植。

萬年青

Rohdea japonica

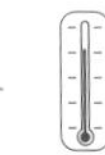

分株　半日照　15~26℃　喜溼潤

科名	百合科Liliaceae
屬名	萬年青屬
別名	開喉劍、冬不凋
原產地	中國。
土壤	喜疏鬆、肥沃的土壤。

形態特徵

多年生常綠草本。葉3~6枚，厚紙質，矩圓形、披針形或倒披針形，先端急尖，基部稍狹，綠色。花葶短於葉，穗狀花序，花具幾十朵，淡黃色。漿果。

應用

常盆栽置於陽台、客廳、書房等處觀賞；適合公園、風景區等蔽蔭的路邊、山石邊栽培欣賞。

油點草

Tricyrtis macropoda

分株　全日照　16~28℃　喜溼潤

科名	百合科Liliaceae
屬名	油點草屬
原產地	日本、中國。
土壤	喜疏鬆、排水良好的土壤。

形態特徵

多年生草本，株高可達1m。葉卵狀橢圓形、矩圓形至矩圓狀披針形，先端漸尖或急尖，基部心形抱莖或圓形而近無柄。二歧聚繖花序頂生或生於上部葉腋，花被片綠白色或白色，有紫紅色斑點。蒴果。

應用

盆栽可裝飾陽台、客廳、臥室、書房等處；園林中常用於水岸邊或山石邊栽培觀賞。

白緣龍舌蘭

Agave angustifolia 'Marginata'

分株　全日照　22~32℃　喜乾燥

科名	龍舌蘭科Agavaceae
屬名	龍舌蘭屬
別名	銀邊狹葉龍舌蘭
原產地	栽培種。
土壤	喜排水良好、肥沃的沙質土壤。

形態特徵

多年生常綠草本。莖短，葉片蓮座狀著生於莖的基部，倒披針形，厚肉質，灰綠色，較窄，邊緣白色；葉緣具硬刺尖。頂生圓錐花序，花朵黃綠色。蒴果長橢圓形。

應用

株形奇特、美觀，為大型觀葉植物。盆栽可用於布置陽台、客廳或用於庭院綠化。

狐尾龍舌蘭

Agave attenuata

科名	龍舌蘭科Agavaceae
屬名	龍舌蘭屬
別名	初綠、翡翠盤
原產地	墨西哥。
土壤	喜疏鬆的沙質土壤。

形態特徵

多年生常綠草本，莖短，葉片蓮座狀著生於莖的基部，葉寬披針形，中間較寬，葉肉質，綠色，葉緣具尖刺，葉尖端微反折。頂生圓錐花序。蒴果。

應用

株形緊湊、美觀，葉色青翠。大型盆栽可用於室內觀賞，也可植於庭院一隅欣賞。

金邊禮美龍舌蘭

Agave desmettiana 'Variegata'

分株　全日照　22~32℃　喜乾燥

科名	龍舌蘭科Agavaceae
屬名	龍舌蘭屬
原產地	墨西哥。
土壤	喜疏鬆的沙質土壤。

形態特徵

多年生常綠草本，莖短，葉片蓮座狀著生於莖的基部，葉寬披針形，中間較寬，葉肉質，灰白色，邊綠色，靠近邊緣處有金色條紋，葉緣具刺，葉反折。頂生圓錐花序。蒴果。

應用

葉色淡雅，有極佳的觀賞性。大型盆栽用於室內空間美化，幼株可用於書桌、電腦桌或擺放觀賞。

勁葉龍舌蘭

Agave neglecta

分株　全日照　2~30℃　喜乾燥

科名	龍舌蘭科Agavaceae
屬名	龍舌蘭屬
原產地	美洲。
土壤	喜疏鬆、排水良好的沙質土壤。

形態特徵

多年生草本，莖短，葉片蓮座狀著生於莖的基部，葉寬披針形，中間較寬，葉肉質，綠色，葉緣具刺，葉稍彎。頂生圓錐花序。蒴果。

應用

株形美觀，葉大翠綠。大型盆栽可用於階旁、陽台或走廊等處裝飾，幼株可置於餐桌或書桌等處欣賞。

瓊麻

Agave sisalana

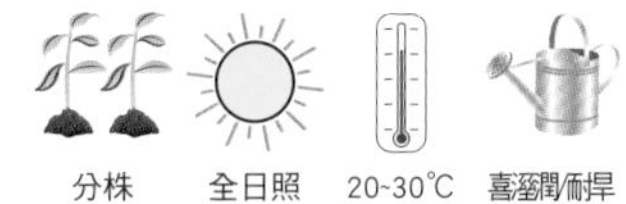

科名	龍舌蘭科Agavaceae
屬名	龍舌蘭屬
別名	鳳梨麻、劍麻
原產地	墨西哥。
土壤	喜疏鬆、排水良好的沙質土壤。

形態特徵

多年生植物。葉呈蓮座式排列，葉剛直，肉質，劍形，初被白霜，後脫落呈深藍色，高可達2m。葉緣無刺或偶爾具刺。圓錐花序，花軸高度可達6m，花黃綠色。蒴果。

應用

著名的纖維植物，可作做繩纜、帆布、高級紙張等原料。

吹上

Agave stricta

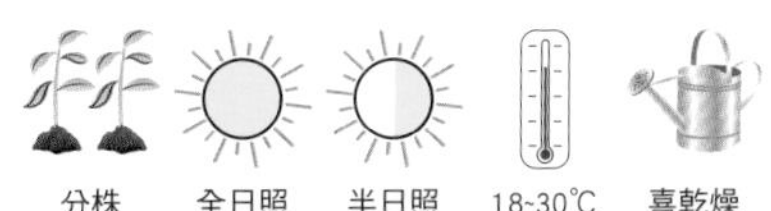

科名	龍舌蘭科Agavaceae
屬名	龍舌蘭屬
別名	直葉龍舌蘭
原產地	墨西哥。
土壤	喜疏鬆、肥沃的沙質土壤。

形態特徵

多年生植物，無莖，葉質硬，放射狀從基部發出，線形，基部呈三角形，表面粗糙，頂部具尖刺，葉灰綠色。

應用

株形奇特，葉片剛直，盆栽可置於廳堂、臥室及陽台等處觀賞。

朱蕉

Cordyline fruticosa

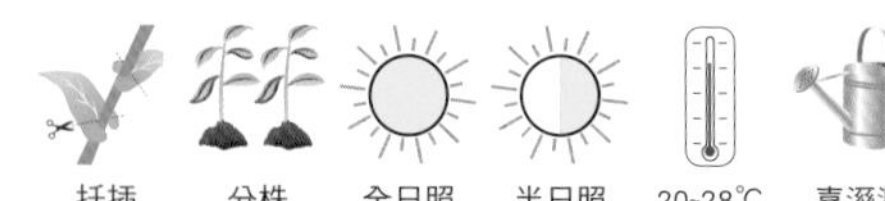

科名	龍舌蘭科Agavaceae	屬名	朱蕉屬
別名	鐵樹		
土壤	不擇土壤，以疏鬆、肥沃的土壤為佳。		

形態特徵

多年生常綠灌木狀植物，株高1~3m。葉聚生於莖或枝的上端，矩圓形至矩圓狀披針形，綠色或帶紫紅色。圓錐花序，花淡紅色、青紫色至黃色。漿果。

應用

大型盆栽可裝飾廳堂或階前美化，小盆栽可裝飾書桌、餐桌等處；園林中多用於路邊、牆垣邊栽培觀賞。

藥用

曾用於治咯血、尿血及菌痢等症。

▲花淡紅色、青紫色至黃色。

亮葉朱蕉

Cordyline fruticosa 'Aichiaka'

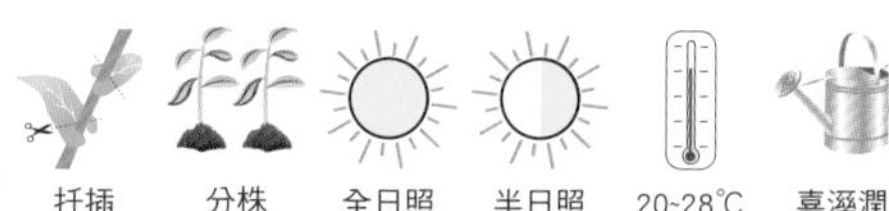

科名	龍舌蘭科Agavaceae
屬名	朱蕉屬
別名	紅葉朱蕉
原產地	栽培種。
土壤	以疏鬆、肥沃的土壤為佳。

形態特徵

多年生常綠灌木狀植物，株高1~3m。葉聚生於莖或枝的上端，矩圓形至矩圓狀披針形，新葉紅色，老葉暗紅色。圓錐花序，花淡紅色、青紫色至黃色。漿果。

應用

葉色美觀，株形挺拔，盆栽用於客廳、陽台或聞廊兩側等處裝飾，也適合用於庭院綠化。

夢幻朱蕉

Cordyline fruticosa 'Dreamy'

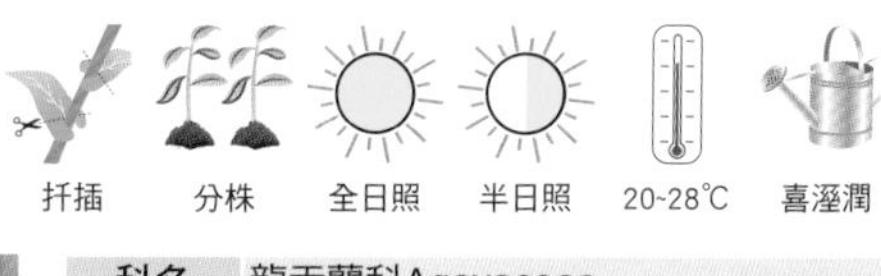

科名	龍舌蘭科Agavaceae
屬名	朱蕉屬
原產地	栽培種。
土壤	喜疏鬆、肥沃的沙質土壤。

形態特徵

多年生灌木狀植物，莖木質，具環狀葉痕。葉聚生於葉的上部，具柄，葉長卵形，葉暗綠色，上有暗紅色條紋，新葉白色，上有紅色條斑。圓錐花序。漿果。

應用

株形美觀，葉色鮮豔，為優良的觀葉植物。盆栽可用於陽台、客廳裝飾，幼株適合案几或書桌等處擺放觀賞。

安德列小姐朱蕉

Cordyline fruticosa 'Miss Andrea'

扦插　分株　全日照　20~28℃　喜溼潤

科名	龍舌蘭科Agavaceae	屬名	朱蕉屬
原產地	栽培種。		
土壤	喜疏鬆、排水良好的沙質土壤。		

形態特徵

多年生灌木狀植物，莖木質，具環狀葉痕。葉聚生於莖的上部，具柄，寬卵形，葉暗綠色，上有黃、白及褐色條紋。圓錐花序。漿果。

應用

葉大，色澤美觀，觀賞性佳。常盆栽，適合於臥室、客廳、書房、餐廳等空間裝飾，也適合庭院綠化。

▲葉暗綠色，上有黃、白及褐色條紋。

花期					
1	2	3	4	5	6
7	8	9	10	11	12

觀葉植物　被子植物

紅邊黑葉朱蕉

Cordyline fruticosa 'Red Edge'

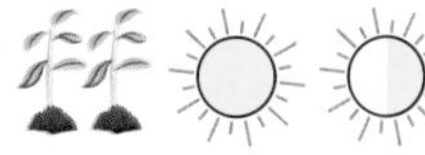

扦插　分株　全日照　半日照　20~28°C　喜溼潤

科名	龍舌蘭科Agavaceae	屬名	朱蕉屬
原產地	栽培種。		
土壤	喜疏鬆、肥沃的沙質土壤。		

形態特徵

多年生灌木狀植物，莖木質，具環狀葉痕。葉聚生於葉的上部，具柄，長卵形，先端尖，葉暗褐色，葉緣常綠色。圓錐花序。漿果。

應用

為優良的彩葉樹種。盆栽可用於客廳、臥室、餐廳等空間裝飾，小盆栽可置於案几點綴。

▲葉緣常綠色。

花期						
	1	2	3	4	5	6
	7	8	9	10	11	12

朱蕉娃娃

Cordyline fruticosa 'Dolly'

扦插　分株　全日照　半日照　20~28℃　喜溼潤

科名	龍舌蘭科Agavaceae	屬名	朱蕉屬
原產地	栽培種。		
土壤	喜疏鬆、肥沃的沙質土壤。		

形態特徵

多年生灌木狀植物，莖木質，具環狀葉痕，株形較矮。葉聚生於莖的上部，葉柄短，葉寬卵形，先端尖，葉暗紅色或暗綠色。圓錐花序，漿果。

應用

株形矮小，葉色美觀，為優良的觀葉植物。盆栽可置於客廳、陽台、窗台及臥室等處觀賞。

▲葉暗紅色或暗綠色。

花期					
1	2	3	4	5	6
7	8	9	10	11	12

龍血樹

Dracaena angustifolia

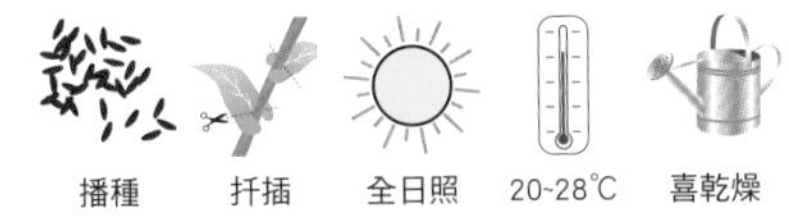

科名	龍舌蘭科Agavaceae
屬名	龍血樹屬
別名	長花龍血樹、番仔林投
原產地	中國、台灣、東南亞。
土壤	不擇土壤。

形態特徵

灌木狀，株高1~3m。莖不分支或稍分支，有環狀葉痕。葉生於莖上部或近頂端，條狀倒披針形。圓錐花序，花簇生或單生，綠白色。漿果。

應用

葉色翠綠挺拔，盆栽適合大型廳堂或閘廊兩側擺放欣賞，或是地栽於路邊觀賞。

葉門鐵

Dracaena arborea

科名	龍舌蘭科Agavaceae
屬名	龍血樹屬
別名	葉門鐵樹
原產地	熱帶雨林地區。
土壤	不擇土壤。

形態特徵

常綠灌木狀，株高約2m。葉為寬條形，深綠色，無柄，葉綠色有光澤。繖形花序，花小，黃綠色。

應用

株形美觀，生性強健，為優良觀葉植物，常用於居室、飯店大廳等空間綠美化。

花期						
	1	2	3	4	5	6
	7	8	9	10	11	12

縞葉竹蕉

Dracaena deremensis 'Roehrs Gold'

扦插

全日照

半日照

20~28℃ 喜溼潤

科名	龍舌蘭科Agavaceae	屬名	龍血樹屬
別名	金邊竹蕉		
原產地	栽培種。		
土壤	喜肥沃、排水良好的沙質土壤。		

形態特徵

常綠灌木狀，株高約1m。葉劍形，先端尖，邊緣黃色，葉間有白色縱紋，全緣。

應用

葉色美觀，觀賞性佳，多盆栽，適合客廳、臥室及陽台擺放觀賞。

▶葉間有白色縱紋。

銀線竹蕉

Dracaena deremensis 'Warneckii'

科名	龍舌蘭科Agavaceae
屬名	龍血樹屬
別名	銀線龍血樹
原產地	栽培種。
土壤	喜肥沃、排水良好的沙質土壤。

形態特徵

常綠灌木狀，株高約1m。葉劍形，先端尖，葉間有寬窄不一的銀白色縱紋，全緣。

應用

株形美觀，葉色淡雅，具有熱帶風情。盆栽可用於窗台、客廳、臥室及陽台擺放觀賞，或用於庭院及園林綠化。

紅邊竹蕉

Dracaena marginata

科名	龍舌蘭科Agavaceae
屬名	龍血樹屬
別名	千年木
原產地	馬達加斯加。
土壤	喜疏鬆、排水良好的土壤。

形態特徵

常綠灌木，株高達3m。葉片細長，新葉向上伸長，老葉下垂，葉中間綠色，葉緣有紫紅色或鮮紅色條紋。

應用

色澤豔麗，觀賞性佳。大型盆栽可用於臥室、客廳等空間美化，小盆栽適合布置書桌、餐桌及桌上。

百合竹

Dracaena reflexa

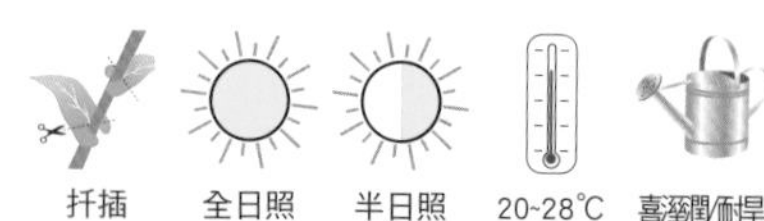

科名	龍舌蘭科Agavaceae
屬名	龍血樹屬
別名	曲葉龍血樹
原產地	馬達加斯加。
土壤	對土壤要求不嚴。

形態特徵

常綠灌木，株高可達3m。葉劍狀披針形，無柄，革質富光澤，全緣。節間短，葉片密集。花序單生或分支，小花白色。

應用

生性強健，株形美觀，為常見栽培的觀葉植物。盆栽可用於客廳、陽台等處觀賞；常用於園林栽培。

花期						
	1	2	3	4	5	6
	7	8	9	10	11	12

金黃百合竹

Dracaena reflexa ‘Song of Jamaica’

科名	龍舌蘭科Agavaceae
屬名	龍血樹屬
原產地	栽培種。
土壤	喜疏鬆、肥沃的土壤。

形態特徵

常綠灌木，株高可達3m。葉劍狀披針形，無柄，革質富光澤，全緣，葉綠色，中間具金黃色條紋。節間短，葉片密集。花序單生或分支，小花白色。

應用

葉色美觀，株形緊湊，觀賞性極佳。盆栽適合客廳、臥室、書房等空間擺放觀賞，也適合庭院綠化。

花期						
	1	2	3	4	5	6
	7	8	9	10	11	12

黃邊百合竹

Dracaena reflexa 'Variegata'

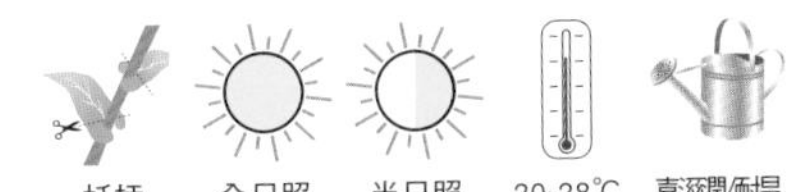

科名	龍舌蘭科Agavaceae
屬名	龍血樹屬
原產地	栽培種。
土壤	喜疏鬆、排水良好的土壤。

形態特徵

常綠灌木，株高可達3m。葉劍狀披針形，無柄，革質富光澤，全緣，葉邊緣金黃色。節間短，葉片密集。花序單生或分支，小花白色。

應用

葉色美觀，株形緊湊，觀賞性佳。多盆栽，可用於客廳、臥室、書房等空間擺放觀賞，也適合庭院綠化。

花期	1	2	3	4	5	6
	7	8	9	10	11	12

萬年竹

Dracaena sanderiana 'Virens'

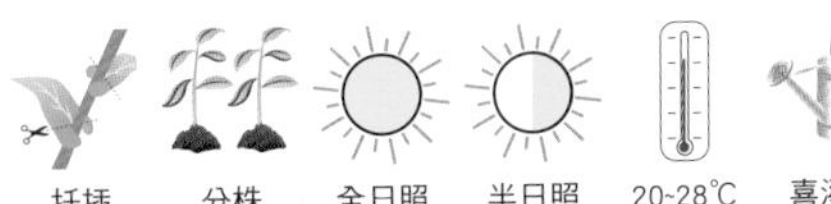

科名	龍舌蘭科Agavaceae
屬名	龍血樹屬
別名	仙達龍血樹、富貴竹
原產地	栽培種。
土壤	喜疏鬆、排水良好、富含腐植質的土壤。

形態特徵

常綠亞灌木，株高1~2m。葉互生或近對生，紙質，葉長披針形，具短柄，濃綠色。繖形花序有花3~10朵生於葉腋或與上部葉對生，花冠紫色。漿果近球形，黑色。

應用

莖幹挺拔，耐陰，是著名的觀葉植物。多用作切花栽培，也適合盆栽置於室內觀賞。

銀邊富貴竹

Dracaena sanderiana

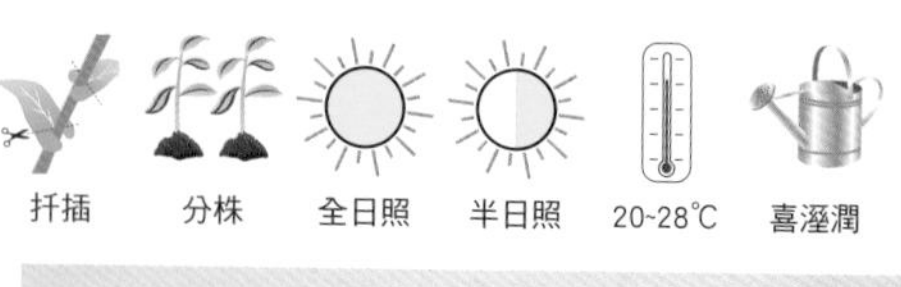

科名	龍舌蘭科Agavaceae
屬名	龍血樹屬
別名	白邊萬年竹
原產地	剛果。
土壤	喜疏鬆、排水良好、富含腐植質的土壤。

形態特徵

常綠亞灌木，株高1m左右。葉互生或近對生，紙質，葉長披針形，具短柄，葉邊緣白色。繖形花序，花冠紫色。漿果近球形，黑色。

應用

葉色清雅，為優良的觀葉植物，多盆栽，適合客廳、臥室、陽台等處栽培觀賞。

金邊富貴竹

Dracaena sanderiana 'Golden Edge'

扦插 分株 全日照 半日照 20~28℃ 喜溼潤

科名	龍舌蘭科Agavaceae
屬名	龍血樹屬
別名	黃金萬年竹
原產地	栽培種。
土壤	喜疏鬆、排水良好的土壤。

形態特徵

常綠亞灌木，株高1m左右。葉互生或近對生，紙質，葉長披針形，具短柄，葉邊緣金黃色。繖形花序，花冠紫色。漿果近球形，黑色。

應用

葉色金黃，株形美觀，為常見的盆栽觀葉植物，適合客廳、臥室、陽台或桌上擺放觀賞。

油點木
Dracaena surculosa

科名	龍舌蘭科Agavaceae
屬名	龍血樹屬
原產地	西非熱帶。
土壤	不擇土壤。

形態特徵

常綠灌木，株高1~2m。葉對生或輪生，無柄，長橢圓形或披針形，葉面有油漬般的斑紋。總狀花序，花小，綠黃色，具香味。

應用

盆栽可用於客廳、餐廳等空間裝飾，也可用於點綴庭院；枝葉也是優美的插花材料。

花期

1	2	3	4	5	6
7	8	9	10	11	12

太陽神
Dracaena deremensis 'Compacta'

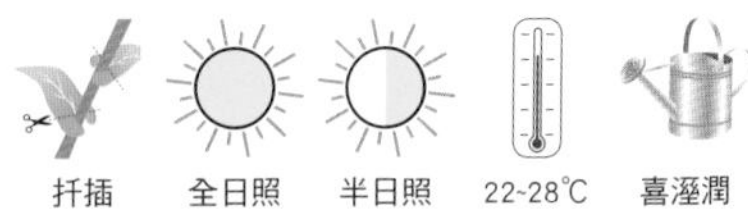

科名	龍舌蘭科Agavaceae
屬名	龍血樹屬
別名	密葉竹蕉
原產地	栽培種。
土壤	喜疏鬆、肥沃的土壤。

形態特徵

多年生常綠小灌木，葉廣披針形，先端尖，密生於莖頂，葉綠色。穗狀花序，花黃白色。

應用

株形美觀，葉色翠綠，多盆栽，適合陽台、臥室及客廳等處栽培觀賞。

花期

巴西鐵樹

Dracaena fragrans

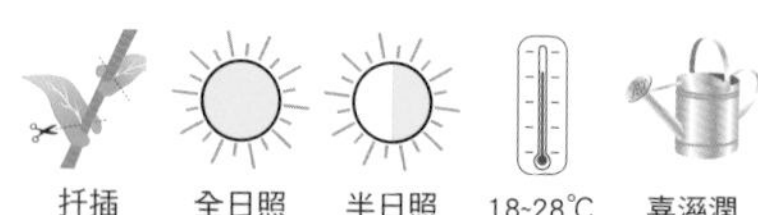

科名	龍舌蘭科Agavaceae
屬名	龍血樹屬
別名	香龍血樹
原產地	非洲南部。
土壤	喜疏鬆、排水良好的沙質土壤。

形態特徵

常綠灌木，株高可達4m。葉寬線形，先端尖，綠色，聚生莖幹上部。穗狀花序，黃綠色。

應用

株形美觀，葉色翠綠，是常見的觀葉植物，多盆栽，適合客廳、臥室及廳堂一角裝飾欣賞。

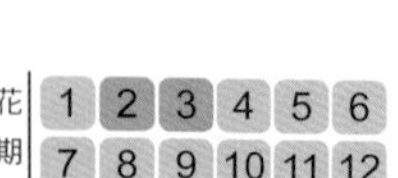

金心巴西鐵樹

Dracaena fragrans 'Massangeana'

科名	龍舌蘭科Agavaceae
屬名	龍血樹屬
別名	金心香龍血樹
原產地	栽培種。
土壤	喜疏鬆、排水良好的沙質土壤。

形態特徵

常綠灌木，株高可達4m。葉寬線形，綠色，中間具黃色條紋，聚生莖幹上部。穗狀花序，黃綠色。

應用

葉色美觀，為常見的盆栽觀葉植物，常用於廳堂擺設觀賞，也適合臥室、書房裝飾。

花期
1 2 3 4 5 6
7 8 9 10 11 12

白斑星點木

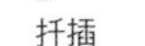

Dracaena godse f. *fiana* ‘Florida Beauty’

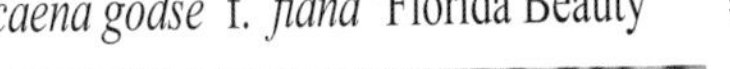
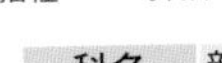

播種　扦插　分株　全日照　18~28℃　喜溼潤

科名	龍舌蘭科Agavaceae
屬名	龍血樹屬
別名	佛州星點木
原產地	栽培種。
土壤	喜疏鬆、肥沃的土壤。

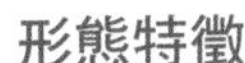

形態特徵

多年生常綠灌木，株高約1m，葉對生或三葉輪生，橢圓狀披針形或長卵形，葉片綠色，上布滿大塊黃斑或小黃色斑點。總狀花序，小花長筒狀。漿果，紅色。

應用

可盆栽裝飾廳堂、陽台，也適合栽植於庭院的路邊、山石邊；園林中用於路邊、山石邊栽培觀賞。

長柄富貴竹

Dracaena thalioides

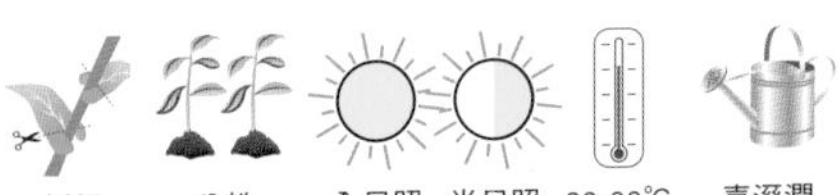

扦插　分株　全日照　半日照　20~30℃　喜溼潤

科名	龍舌蘭科Agavaceae
屬名	龍血樹屬
別名	長柄竹蕉、大葉富貴竹
原產地	熱帶非洲。
土壤	喜疏鬆、排水良好的土壤。

形態特徵

多年生常綠灌木狀植物，葉寬披針形，綠色，先端尖，基部楔形，全緣，具長柄，下部葉柄互相套疊。穗狀花序，花白色。

應用

株形美觀，葉挺拔，青翠。盆栽可置於臥室、客廳、書房等室內空間欣賞；適合公園、綠地等稍蔽蔭處栽培觀賞。

縫線麻

Furcraea selloa

扦插　分株　全日照　22~28℃　喜乾燥

科名	龍舌蘭科Agavaceae	屬名	萬年蘭屬
別名	萬年麻		
原產地	美洲熱帶。		
土壤	不擇土壤，喜疏鬆的沙質土壤。		

形態特徵

多年生灌木狀植物，株高可達1m，莖不明顯，葉劍形，呈放射狀生長，先端尖，葉緣具刺，葉綠色。繖形花序，花軸可高達數公尺，花梗上會出現大量幼株。

應用

為優良的觀葉植物，盆栽可用於廳堂布置或用於庭院栽培；葉可作為切花花材。

▶葉緣具刺。

花期

金邊毛里求斯麻

Furcraea selloa 'Marginata'

扦插　分株　全日照　22~28°C　喜乾燥

科名	龍舌蘭科Agavaceae	屬名	萬年麻屬
別名	金邊縫線麻		
原產地	栽培種。		
土壤	不擇土壤，喜疏鬆的沙質土壤。		

形態特徵

多年生灌木狀植物，株高可達1m，莖不明顯，葉劍形，呈放射狀生長，先端尖，葉緣具刺，葉邊緣金黃色。繖形花序，花軸可高達數公尺，花梗上會出現大量幼株。

應用

株形美觀，葉色美觀。盆栽可用於裝飾居室及廳堂，或用於大門兩側綠化；葉為高級切花花材；園林中可群植或單植栽培欣賞。

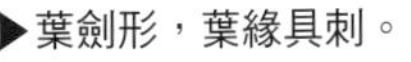

▶葉劍形，葉緣具刺。

花期 1 2 3 4 5 6 7 8 9 10 11 12

黃紋萬年麻

Furcraea foetida 'Striata'

扦插　分株　全日照　22~28℃　喜乾燥

科名	龍舌蘭科Agavaceae	屬名	萬年麻屬
原產地	栽培種。		
土壤	不擇土壤，喜疏鬆的沙質土壤。		

形態特徵

多年生灌木狀植物，株高可達1m，莖不明顯，葉劍形，呈放射狀生長，先端尖，新葉近金黃色，具綠色縱紋，老葉綠色，具金黃色縱紋。繖形花序，花軸可高達數公尺，花梗上會出現大量幼株。

應用

盆栽可用於客廳、臥室及餐廳等空間裝飾，也適合植於庭院的路邊、牆垣邊觀賞；葉可作為切花花材。

▶新葉近金黃色，具綠色縱紋。

花期					
1	2	3	4	5	6
7	8	9	10	11	12

條紋十二卷錦

Haworthia fasciata 'Elegans'

分株　全日照　半日照　18~28℃　喜溼潤/耐旱

科名	龍舌蘭科Agavaceae	屬名	十二卷屬
別名	錦雞尾		
原產地	栽培種。		
土壤	喜疏鬆、排水良好的土壤。		

形態特徵

多年生肉質草本。株高10~20cm。無莖。葉密生蓮座狀，三角狀披針形，葉背具白色突起橫紋。總狀花序，小花鐘狀，橙色。蒴果。原種為條紋十二卷*H. fasciata*。

應用

株形美觀，常置於窗台、書桌及桌上裝飾觀賞。

▶葉背具白色突起橫紋。

花期

1	2	3	4	5	6
7	8	9	10	11	12

酒瓶蘭

Nolina recurvata

播種　扦插　全日照　20~28℃　喜溼潤

科名	龍舌蘭科Agavaceae	屬名	酒瓶蘭屬
別名	象腿樹		
原產地	墨西哥的乾熱地區。		
土壤	喜疏鬆、肥沃的沙質土壤。		

形態特徵

常綠小喬木狀，株高2~6m。莖幹直立，下部肥大，狀似酒瓶。葉細長線形，全緣或細齒緣，軟垂。花為圓錐花序，花色乳白，花小，觀賞價值不高。

應用

成株適合庭植，幼株適合盆栽室內觀賞，可用其布置客廳、書房，裝飾飯店、會場等公共空間。

▶莖幹直立，下部肥大，狀似酒瓶。

花期					
1	2	3	4	5	6
7	8	9	10	11	12

棒葉虎尾蘭

Sansevieria cylindrica

扦插　分株　全日照　20~28℃　喜乾燥

科名	龍舌蘭科Agavaceae	屬名	虎尾蘭屬
別名	羊角蘭、圓葉虎尾蘭		
原產地	非洲熱帶。		
土壤	不擇土壤。		

形態特徵

多年生肉質草本，莖短，具粗大根莖。葉從根部叢生，長約1m，圓筒形或稍扁，頂端急尖而硬，暗綠色有灰綠條紋。總狀花序，較小，紫褐色。

應用

適於家庭盆栽，可用於布置客廳、陽台或案几，也適合植於庭院一隅或牆邊觀賞。

▶葉圓筒形或稍扁。

花期						
	1	2	3	4	5	6
	7	8	9	10	11	12

觀葉植物　被子植物

石筆虎尾蘭

Sansevieria stuckyi

扦插　分株　全日照　20~28℃　喜乾燥

科名	龍舌蘭科Agavaceae	屬名	虎尾蘭屬
別名	柱葉虎尾蘭、筒葉虎尾蘭、筒千歲蘭		
原產地	辛巴威。		
土壤	不擇土壤。		

形態特徵

常綠灌木， 株高2~3m。莖幹直立，下部肥大，狀似酒瓶。葉基生或生於短莖上，呈圓柱形或廣披針形，全緣或細齒緣，肉質。花為總狀花序，呈淡綠色或白色，花小，具香味。

應用

成株適合庭植，幼株適合盆栽室內觀賞，可用其布置客廳、書房，裝飾飯店、會場等公共空間。

▶總狀花序。

花期 1 2 3 4 5 6 7 8 9 10 11 12

虎尾蘭

Sansevieria trifasciata

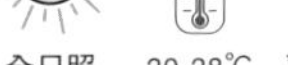

扦插　分株　全日照　20~28℃　喜溼潤/耐旱

科名	龍舌蘭科Agavaceae	屬名	虎尾蘭屬
別名	虎皮蘭		
原產地	斯里蘭卡及印度東部熱帶乾旱地區。		
土壤	喜排水良好的沙質土壤。		

形態特徵

多年生常綠肉質草本。葉直立、劍形，革質，綠色，具灰綠色的雲狀斑紋。總狀花序，花葶高30~80cm，花淡綠色或白色，3~8朵簇生。漿果。

應用

可露地栽培，盆栽適合置於客廳、陽台、臥室等空間觀賞，或植於庭院一隅、牆邊綠化；葉纖維強韌，可供編織用，切葉可作為插花的配材。

▲花淡綠色或白色。

花期　1 2 3 4 5 6 7 8 9 10 11 12

白肋虎尾蘭

Sansevieria trifasciata 'Argentea-Striata'

扦插 分株 全日照 20~28℃ 喜溼潤/耐旱

科名	龍舌蘭科Agavaceae
屬名	虎尾蘭屬
原產地	栽培種。
土壤	喜排水良好的沙質土壤。

形態特徵

多年生常綠肉質草本。葉直立、劍形，革質，葉上具白色縱紋。總狀花序，花淡綠色或白色，簇生。漿果。

應用

株形美觀，葉色淡雅，多盆栽觀賞。可置於室內空間裝飾；也適合公園及庭院綠化。

花期

1	2	3	4	5	6
7	8	9	10	11	12

金邊短葉虎尾蘭

Sansevieria trifasciata 'Golden Hahnii'

扦插 分株 全日照 半日照 20~28℃ 喜溼潤/耐旱

科名	龍舌蘭科Agavaceae
屬名	虎尾蘭屬
別名	金葉小虎尾蘭
原產地	栽培種。
土壤	喜疏鬆的沙質土壤。

形態特徵

多年生常綠肉質草本。葉直立、廣披針形，革質，葉邊緣金黃色。總狀花序，花淡綠色或白色，簇生。漿果。

應用

株形小巧，葉色美觀，常盆栽置於窗台、桌上等處觀賞，也可用於多肉植物專類園栽培。

花期

1	2	3	4	5	6
7	8	9	10	11	12

短葉虎尾蘭

Sansevieria trifasciata 'Hahnii'

扦插　分株　全日照　半日照　20~28℃　喜溼潤/耐旱

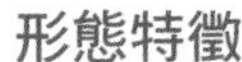

科名	龍舌蘭科Agavaceae
屬名	虎尾蘭屬
別名	小虎尾蘭
原產地	栽培種。
土壤	喜疏鬆的沙質土壤。

形態特徵

多年生常綠肉質草本。葉直立、廣披針形，革質，葉片具灰綠色斑紋。總狀花序，花淡綠色或白色，簇生。漿果。

應用

株形小巧，多盆栽，適合窗台、書桌及桌上等擺放觀賞，也可用於多肉植物專類園栽培。

花期						
	1	2	3	4	5	6
	7	8	9	10	11	12

金邊虎尾蘭

Sansevieria trifasciata 'Laurentii'

扦插　分株　全日照　20~28℃　喜溼潤/耐旱

科名	龍舌蘭科Agavaceae
屬名	虎尾蘭屬
原產地	栽培種。
土壤	喜排水良好的沙質土壤。

形態特徵

多年生常綠肉質草本。葉直立、劍形，革質，葉邊緣為金黃色，葉中間綠色，並具灰綠色的雲狀斑紋。總狀花序，花淡綠色或白色，簇生。漿果。

應用

株形美觀，觀賞性佳。盆栽可置於陽台、臥室、客廳、書房等空間觀賞，或用於庭院的牆邊及路邊栽培；園林中應用廣泛。

美葉虎尾蘭

Sansevieria trifasciata 'Laurentii Compacta'

扦插　分株　全日照　20~28℃　喜溼潤/耐旱

科名	龍舌蘭科Agavaceae
屬名	虎尾蘭屬
原產地	栽培種。
土壤	喜排水良好的沙質土壤。

形態特徵

多年生常綠肉質草本。葉直立、廣披針形，株形較矮，革質，葉邊緣為金黃色，葉中間綠色，並具灰綠色的雲狀斑紋。總狀花序，花淡綠色或白色，簇生。漿果。

應用

葉形美觀，為優良的觀葉植物，多盆栽，適合陽台、臥室、客廳、書房等擺放觀賞。也適合多肉植物專類園栽培。

紫葉槿

Hibiscus acetosella

播種　扦插　分株　全日照　20~30℃　喜溼潤

科名	錦葵科Malvaceae
屬名	木槿屬
別名	紅葉槿、麗葵
原產地	非洲熱帶。
土壤	喜疏鬆、排水良好的土壤。

形態特徵

常綠灌木，株高1~3m。葉互生，近紫色，輪廓近寬卵形，掌狀3~5裂或深裂，裂片邊緣有波狀疏齒。花單生於枝條上部葉腋，花冠緋紅色。蒴果。

應用

葉色紫紅，生性強健，為優良的觀葉植物。盆栽可用於陽台及頂樓花園等環境綠化，也是庭院及園林中綠化的優良材料。

花葉扶桑

Hibiscus rosa-sinensis var. *variegata*

科名	錦葵科Malvaceae
屬名	木槿屬
別名	花葉朱槿、彩葉扶桑
原產地	栽培變種。
土壤	喜疏鬆、肥沃的土壤。

形態特徵

多年生常綠灌木，株高可達3m。葉互生，闊卵形至狹卵形，先端突尖或漸尖，葉邊緣粗鋸齒或缺刻，基部近全緣，葉片具紅色塊斑。花大，漏斗形，玫瑰紅色。

應用

可盆栽裝飾於室內空間，或植於庭院觀賞；園林中常列植或群植於路邊、草地邊緣等處，也常用作花籬。

麵包樹

Artocarpus altilis

科名	桑科Moraceae
屬名	菠蘿蜜屬
別名	馬檳榔
原產地	馬來西亞。
土壤	喜疏鬆、排水良好的土壤。

形態特徵

常綠喬木， 株高5~10m。葉互生，革質，菱形、長圓形或卵形，全緣或有深裂。雌雄同株，花單性，花小。聚花果。

應用

葉大美觀，觀賞性佳，常用於公園、庭院等路邊或一隅栽培觀賞；果成熟後可生食，也可放在火上烤成黃色後食用。

柳葉榕

Ficus binnendijkii

扦插　高壓　全日照　22~30℃　喜溼潤

科名	桑科Moraceae
屬名	榕屬
別名	竹葉榕
原產地	亞洲南部。
土壤	喜疏鬆、排水良好的土壤。

形態特徵

常綠小喬木，株高約6m。葉互生，長披針狀，全緣，背主脈凸出，葉下垂，綠色。

應用

樹姿優美，葉形美觀。盆栽用於大型廳堂美化；園林中常用於路邊、草地邊緣或牆垣邊栽培觀賞。

斑葉垂榕

Ficus bemjamina 'Variegata'

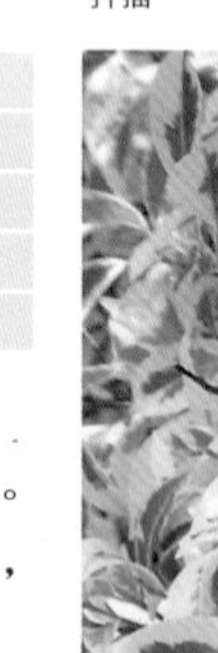

扦插　高壓　嫁接　全日照　22~30℃　喜溼潤

科名	桑科Moraceae
屬名	榕屬
別名	花葉垂榕、乳斑榕
原產地	栽培種。
土壤	不擇土壤。

形態特徵

常綠喬木，高5m，枝條下垂。葉互生，長卵形，先端尖，革質，葉面具乳白色斑。

應用

葉色清麗，盆栽常用於大型廳堂擺設觀賞，小盆栽適合陽台、窗台或桌上裝飾美化。

花期						
	1	2	3	4	5	6
	7	8	9	10	11	12

印度橡膠樹

Ficus elastica

科名	桑科Moraceae
屬名	榕屬
別名	印度榕、橡皮樹
原產地	印度。
土壤	喜肥沃、排水良好的沙質土壤。

形態特徵

常綠喬木，株高可達30m以上。葉互生，革質，長圓形至橢圓形，葉面暗綠色，葉背淡黃綠色。花單生，雌雄同株。

應用

葉大美觀，為著名的觀葉植物。盆栽可點綴室內空間，也是庭院綠化的優良樹種；園林中常單植或列植。

花葉橡膠樹

Ficus elastica 'Variegata'

科名	桑科Moraceae
屬名	榕屬
別名	花葉緬樹
原產地	栽培種。
土壤	喜肥沃、排水良好的沙質土壤。

形態特徵

常綠喬木，株高可達30m以上。葉互生，革質，長圓形至橢圓形，葉面具乳白色及乳黃色斑塊。花單生，雌雄同株。

應用

為常見栽培的觀葉植物。盆栽可點綴飯店大廳、陽台等，也是庭院綠化的優良樹種；園林中常單植或列植。

花期						
	1	2	3	4	5	6
	7	8	9	10	11	12

提琴葉榕

Ficus lyrata

扦插 高壓 全日照 22~30℃ 喜溼潤

科名	桑科Moraceae
屬名	榕屬
別名	琴葉橡皮樹、琴葉榕
原產地	美洲熱帶地區。
土壤	不擇土壤

形態特徵

多年生常綠喬木，株高10~20m。葉互生，紙質，葉片寬闊，呈提琴狀，深綠色，表面具光澤，葉全緣，波浪狀起伏，葉脈凹陷，先端膨大。苞片茶褐色。

應用

葉形奇特美觀，狀似提琴，觀賞性較佳。盆栽可置於室內栽培觀賞；園林中常作行道樹或風景樹。

人參榕

Ficus microcarpa

科名	桑科Moraceae
屬名	榕屬
別名	地瓜榕
原產地	中國。
土壤	喜疏鬆、排水良好的土壤。

形態特徵

本種為榕樹經人工培育而成，葉薄革質，狹橢圓形，先端鈍尖，基部楔形，表面深綠色，全緣。根部肥大，人參狀。榕果成對腋生，成熟時黃或微紅色。

應用

形態奇特，葉色青翠，常盆栽觀賞，可置於窗台、書桌及桌上觀賞。

花期						
	1	2	3	4	5	6
	7	8	9	10	11	12

黃金榕

Ficus microcarpa 'Golden Leaves'

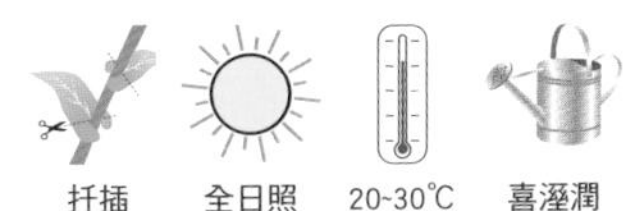

科名	桑科Moraceae
屬名	榕屬
別名	黃葉榕、黃斑榕
原產地	栽培種。
土壤	不擇土壤。

形態特徵

多年生常綠喬木，多為灌木栽培。單葉互生，葉形為橢圓形或倒卵形，葉表光滑，葉緣整齊，葉有光澤，嫩葉呈金黃色，老葉則為深綠色。隱頭花序。

應用

葉色金黃，園林中常用於公園、綠地綠化，可以修剪成各種造型或用作綠籬栽培觀賞，是水土保持的優良樹種。

金錢榕

Ficus microcarpa var. *crassifolia*

科名	桑科Moraceae
屬名	榕屬
別名	厚葉榕
原產地	台灣。
土壤	喜疏鬆、排水良好的土壤。

形態特徵

多年生常綠灌木。單葉，互生，革質，葉倒卵形或橢圓形，先端圓或鈍，全緣，綠色。隱花果球形。

應用

葉色翠綠，形似金錢，常盆栽，多置於臥室、客廳及廳堂擺設觀賞。

花期						
	1	2	3	4	5	6
	7	8	9	10	11	12

菩提樹

Ficus religiosa

播種　扦插　全日照　22~30℃　喜溼潤

科名	桑科Moraceae
屬名	榕屬
別名	畢波羅樹、覺樹
原產地	印度。
土壤	喜疏鬆、排水良好的土壤。

形態特徵

常綠大喬木，株高15m。葉互生，三角狀卵形；深綠色，有光澤。花生於葉腋，為隱頭花序。隱花果，扁平圓形，紫黑色。

應用

葉形美觀，葉色青翠，常作為行道樹及風景樹，多單植或列植。盆栽可置於廳堂擺放觀賞。

花期：1 2 3 4 5 6 7 8 9 10 11 12

旅人蕉

Ravenala madagascariensis

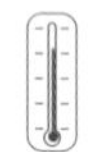

播種　分株　全日照　22~32℃　喜溼潤

科名	芭蕉科Musaceae
屬名	旅人蕉屬
別名	水樹、扇芭蕉、旅人木、水木
原產地	馬達加斯加。
土壤	喜疏鬆、肥沃的土壤。

形態特徵

多年生喬木狀常綠大型草本植物，株高可達15m，幹直立，不分支。葉片長橢圓形，大如芭蕉，具長柄，呈2列整齊著生於莖頂。蠍尾狀聚繖花序腋生，總苞船形，白色。蒴果木質。

應用

株形美觀，葉大排列成扇狀，觀賞性極佳。幼株可盆栽觀葉，園林中多單植、群植或列植觀賞。

斑葉九重葛

Bougainvillea 'Blueberry Ice'

扦插 嫁接 高壓 全日照 20~30℃ 喜溼潤/耐旱

科名	紫茉莉科Nyctaginaceae	屬名	寶巾屬
別名	白斑葉簕杜鵑、白斑葉葉子花		
原產地	栽培種。		
土壤	喜疏鬆、肥沃的土壤。		

形態特徵

常綠攀緣灌木，株高約5m。老枝褐色，小枝青綠，長有針狀枝刺。單葉互生，卵狀或卵圓形，全緣，上有白色塊斑。花頂生，苞片淡紫色。瘦果5稜形，很少結果。

應用

株形美觀，葉色淡雅，花期長，為優良的觀葉觀花植物。盆栽可用於陽台、窗台、頂樓花園及庭院等處裝飾。

▲花頂生，苞片淡紫色。

花期					
1	2	3	4	5	6
7	8	9	10	11	12

黃金串錢柳

Melaleuca bracteata 'Revolution Gold'

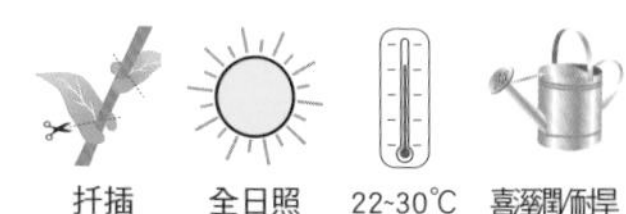

扦插　全日照　22~30℃　喜溼潤/耐旱

科名	桃金孃科Myrtaceae
屬名	白千層屬
別名	千層金、黃金香柳
原產地	栽培種。
土壤	喜疏鬆、排水良好的土壤。

形態特徵

多年生常綠小喬木，嫩枝紅色。葉互生，葉片革質，披針形至線形，具油腺點，金黃色。穗狀花序，花瓣綠白色。

應用

為優良的彩葉小喬木。盆栽適合置於大型廳堂點綴室內空間，也常用於庭院或公園的路邊、草地邊緣或一隅栽培觀賞。

紅車木

Syzygium hancei

扦插　全日照　20~28℃　喜溼潤/耐旱

科名	桃金孃科Myrtaceae
屬名	蒲桃屬
別名	紅鱗蒲桃
原產地	中國。
土壤	不擇土壤，以疏鬆、排水良好微酸性土壤為佳。

形態特徵

常綠喬木，株高可達20m。葉片革質，狹橢圓形至長圓形或為倒卵形，先端鈍或略尖，基部闊楔形或較狹窄，新葉紅色。圓錐花序腋生，多花。果球形。

應用

株形美觀，新葉紅豔似火，觀賞性極佳。盆栽可置於室內空間美化觀賞。

豬籠草

Nepenthes mirabilis

播種　扦插　壓條　半日照　22~28℃　喜溼潤

科名	豬籠草科Nepenthaceae	屬名	豬籠草屬
別名	猴子埕		
原產地	中國、中南半島至大洋洲北部均有。		
土壤	不擇土壤。		

形態特徵

多年生半木質常綠藤本植物，株高約150cm。葉互生，長橢圓形，全緣。中脈延長為捲鬚，末端有一小葉籠，瓶狀，瓶口邊緣厚，上有蓋。雌雄異株，總狀花序，小花單性，無花瓣。萼片紅色或紫紅色。

應用

瓶狀體極為奇特，觀賞性佳，多盆栽觀賞，適合置於室內空間。

藥用

全株藥用，具有清熱止咳、利尿、降壓的功效。

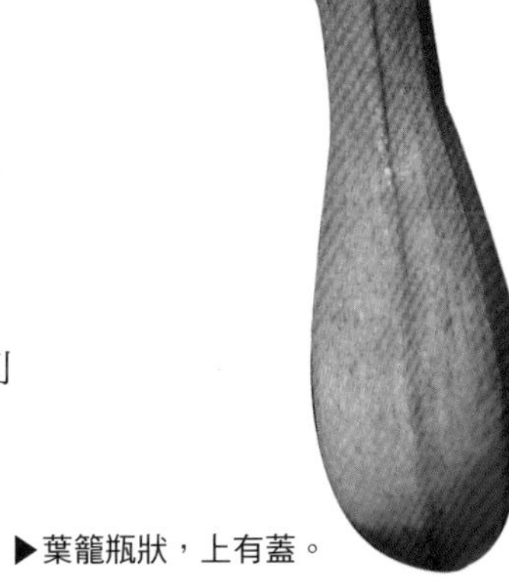

▶葉籠瓶狀，上有蓋。

花期					
1	2	3	4	5	6
7	8	9	10	11	12

大豬籠草

Nepenthes 'Miranda'

播種　扦插　壓條　半日照　22~30℃　喜溼潤

科名	豬籠草科Nepenthaceae	屬名	豬籠草屬
別名	米蘭達豬籠草		
原產地	栽培種。		
土壤	喜疏鬆、排水良好的土壤。		

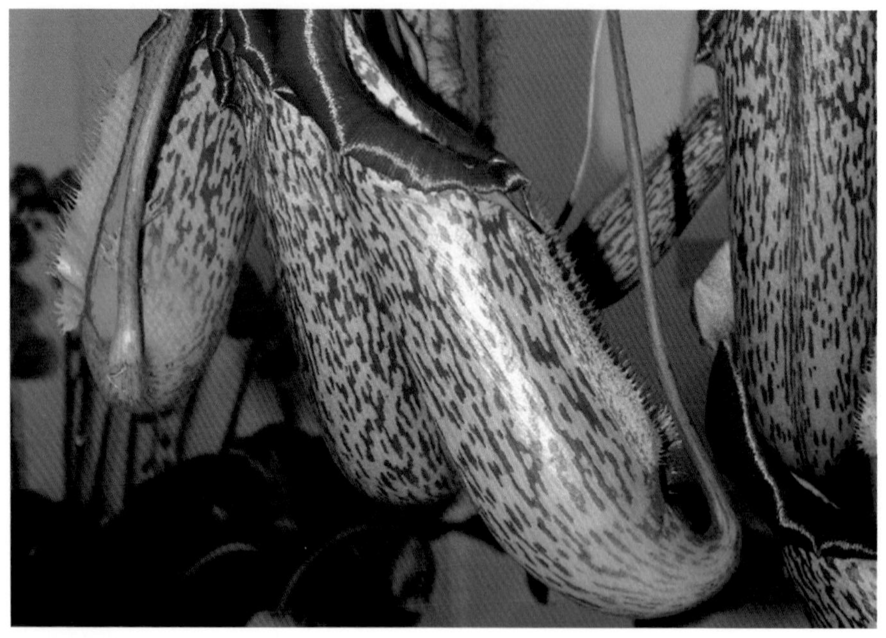

形態特徵

多年生半木質化藤本植物。葉互生，長橢圓形，全緣。是脈延長為捲鬚，末端為瓶狀體，瓶狀體邊緣暗紅色，上部有暗紅色斑塊。花單性異株。蒴果。

應用

株形美觀，瓶狀體大而奇特，適合吊掛於室內觀賞，也可於門廊、大樹等處吊掛欣賞。

▶瓶狀體上有暗紅色斑塊。

美麗豬籠草

Nepenthes sibuyanensis

播種　扦插　壓條　半日照　22~30℃　喜溼潤

科名	豬籠草科Nepenthaceae	屬名	豬籠草屬
別名	辛布亞豬籠草		
原產地	菲律賓。		
土壤	喜疏鬆、排水良好的土壤。		

形態特徵

多年生半木質化藤本植物。葉互生，長橢圓形，全緣。是脈延長為捲鬚，末端為瓶狀體，瓶狀體邊緣綠色或淡紅色，上布有小量暗紅色塊斑。花單性異株。蒴果。

應用

瓶狀體奇特美麗，適合盆栽觀賞，可置於書房、客廳、臥室等空間的桌上陳列或吊掛栽培。

▶瓶狀體上有小量暗紅色塊斑。

蓴菜

Brasenia schreberi

科名	睡蓮科Nymphaeaceae
屬名	蓴屬
別名	水案版
原產地	日本、中國、俄羅斯、印度、加拿大、美國、大洋洲東部、非洲西部。
土壤	不擇土壤。

形態特徵

浮葉水生草本，根狀莖具葉及匍匐枝。葉橢圓形，全緣，兩面無毛。花瓣暗紫色，線形，先端鈍。堅果長圓卵形或念珠狀。

應用

蓴菜葉形美觀，適合公園、風景區等水景或溼地綠化；嫩莖葉作蔬菜食用。

芡

Euryale ferox

科名	睡蓮科Nymphaeaceae
屬名	芡屬
別名	芡實、雞頭米
原產地	中國。
土壤	生活於水中。

形態特徵

一年生大型水生草本。沉水葉箭形或橢圓腎形，兩面無刺。浮水葉革質，橢圓腎形至圓形，盾狀，有或無彎缺，全緣，兩面在葉脈分支處有銳刺。花瓣紫紅色。漿果。

應用

葉大美觀，適合公園、庭園及風景區水景綠化；種子含澱粉，可食用。

日本萍蓬草

Nuphar pumilum

科名	睡蓮科Nymphaeaceae	屬名	萍蓬草屬
別名	黃金蓮、萍蓬蓮		
原產地	日本、中國、俄羅斯、歐洲。		
土壤	不擇土壤，以土質肥沃略帶黏性為好。		

形態特徵

多年生長水生草本植物。葉二型，浮水葉，圓形至卵形，全緣。沉水葉薄而柔軟。花單生於花梗頂端，花莖伸出水面，萼片黃色，花瓣狀。漿果。

▲萼片黃色。

應用

葉光亮，大型，可作觀葉植物栽培。可盆栽於庭院、建築物、假山石前，或在居室前向陽處擺放觀賞。

藥用

根狀莖可食用，入藥具有強壯、淨血作用。

花期

亞馬遜王蓮

Victoria amazonica

播種　全日照　22~30℃　喜溼/水生

科名	睡蓮科Nymphaeaceae	屬名	王蓮屬
別名	王蓮		
原產地	南美洲熱帶水域。		
土壤	不擇土壤，以土質肥沃略帶黏性為好。		

形態特徵

多年生或一年生大型浮葉草本。浮水葉橢圓形至圓形，葉緣上翹呈盤狀，葉面綠色略帶微紅，有皺褶，背面紫紅色，具刺。花單生，常伸出水面開放，初開白色，後變為淡紅色至深紅色，有香氣。漿果。

▲葉緣上翹呈盤狀。

應用

葉大，形態奇特，可作為公園、風景區的水體綠化，也適合與其他水生植物配植。

克魯茲王蓮

Victoria cruziana

科名	睡蓮科Nymphaeaceae	屬名	王蓮屬
原產地	巴拉圭。		
土壤	不擇土壤。		

形態特徵

大型多年生水生植物。葉浮於水面，成熟葉圓形，葉緣向上反折。花單生，伸出水面，芳香，初開時白色，逐漸變為粉紅色，至凋落時顏色逐漸加深。

應用

葉大型，形態奇特，適合公園、風景區的水景栽培觀賞，也適合與其他庭水及浮水植物配植，形成獨特的景觀。

▲葉緣向上反折。

花期					
1	2	3	4	5	6
7	8	9	10	11	12

銀姬小蠟

Ligustrum sinense 'Variegatum'

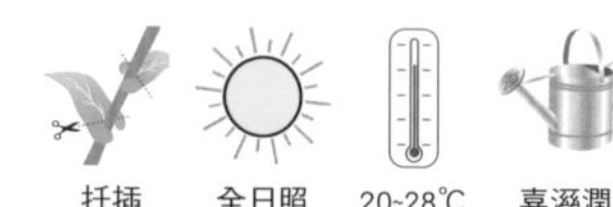

扦插　全日照　20~28℃　喜溼潤

科名	木犀科Oleaceae
屬名	女貞屬
別名	花葉山指甲
原產地	栽培種。
土壤	不擇土壤。

形態特徵

半常綠灌木，植株高達1~3m。單葉對生，葉片紙質或薄革質，葉橢圓形或卵狀橢圓形，或近圓形，葉面有乳白色或乳黃色斑紋鑲嵌。圓錐花序頂生或腋生，花冠白色。漿果近球形。

應用

葉色美觀，易栽培，盆栽可作為陽台、客廳或庭院階旁綠化；園林中多叢植、遍植，或做綠籬。

紅葉酢漿草

Oxalis hedysaroides 'Rubra'

扦插　分株　全日照　15~28℃　喜溼潤

科名	酢漿草科Oxalidaceae
屬名	酢漿草屬
別名	感應草、小紅楓
原產地	栽培種。
土壤	喜疏鬆、肥沃的土壤。

形態特徵

多年生常綠亞灌木。羽狀複葉具三小葉，小葉卵圓形，先端鈍尖，基部近截平，全緣，葉面紫紅色。花腋生，黃色。

應用

葉色美觀，花色金黃，為優美的彩葉植物，盆栽適合置於窗台、陽台、客廳等環境觀賞。

花期

紫葉酢漿草
Oxalis triangularis

扦插 分株 全日照 24~30℃ 喜溼潤

科名	酢漿草科Oxalidaceae
屬名	酢漿草屬
別名	紫葉山酢漿草
原產地	美洲熱帶地區。
土壤	喜疏鬆、排水良好的土壤。

形態特徵

多年生宿根草本植物，株高15~30cm。葉簇生於地下鱗莖上，三出掌狀複葉，小葉呈三角形，葉片初生時為玫瑰紅色，成熟時紫紅色。繖形花序，花白色至淺粉色。

應用

葉形奇特美麗，可作彩葉植物栽培，常盆栽置於室內美化觀賞。

花期						
	1	2	3	4	5	6
	7	8	9	10	11	12

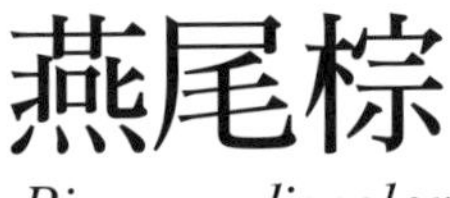

燕尾棕
Pinanga discolor

科名	棕櫚科Arecaceae
屬名	檳榔屬
別名	異色山檳榔
原產地	中國、台灣。
土壤	不擇土壤。

形態特徵

常綠灌木狀植物，莖幹纖細，有不整齊的褐色斑紋。羽狀複葉排成倒人字形，葉軸背面具暗褐色鱗片。肉穗花序下垂。果紡錘形，熟時紫紅色。

應用

株形美觀，葉大青綠，常於路邊、草坪中單植或群植觀賞；其花序汁液可製糖，釀酒，樹幹髓心含澱粉，可食用。

袖珍椰子

Chamaedorea elegans

科名	棕櫚科Arecaceae
屬名	袖珍椰子屬
別名	矮生椰子、矮棕
原產地	墨西哥北部、瓜地馬拉。
土壤	喜疏鬆肥沃、排水良好的土壤。

形態特徵

常綠灌木，株高1~2m。莖幹直立，不分支。葉叢生於枝幹頂，羽狀全裂，裂片披針形，互生，深綠色。肉穗花序腋生，雌雄異株，花黃色。漿果橙黃色。

應用

株叢小巧，葉形美觀，別具風情，多盆栽置於室內點綴裝飾。

花期 1 2 3 4 5 6 7 8 9 10 11 12

魚尾椰子

Chamaedorea metallica

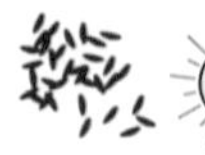

科名	棕櫚科Arecaceae
屬名	坎棕屬
原產地	美洲。
土壤	喜疏鬆肥沃、排水良好的土壤。

形態特徵

多年生常綠灌木，株高50~120cm。單葉，先端分裂，狀似魚尾，革質。圓錐花序由葉腋抽生而出，小花多數。

應用

葉形奇特，觀賞性佳，適合盆栽觀賞，可置於陽台、窗台、客廳等空間美化觀賞。

觀葉植物 被子植物

觀音棕竹
Rhapis excelsa

科名	棕櫚科Arecaceae
屬名	棕竹屬
別名	筋斗竹、虎散竹、棕竹
原產地	日本、中國。
土壤	喜疏鬆土壤。

形態特徵

叢生灌木，株高2~3m。葉掌狀深裂，裂片4~10片，裂片寬線形或線狀橢圓形，先端寬，截狀而具多對稍深裂的小裂片，邊緣具鋸齒。花冠3裂。果實球狀倒卵形。

應用

盆栽可裝飾室內空間，也適合於庭院及公園一隅栽培觀賞。

西瓜皮椒草
Peperomia argyreia

科名	胡椒科Piperaceae
屬名	草胡椒屬
別名	西瓜皮豆瓣綠
原產地	美洲。
土壤	喜疏鬆、透氣、排水良好的輕質培養土。

形態特徵

多年常綠草本，株高15~20cm。葉密集，肉質，盾形或寬卵形，葉面綠色，葉背為紅色。葉面具銀白色的規則色帶，似西瓜皮。穗狀花序，花小，白色。

應用

宜作盆栽擺設或吊掛欣賞，可裝飾室內環境空間。

花期					
1	2	3	4	5	6
7	8	9	10	11	12

紅皺椒草

Peperomia caperata 'Autumn Leaf'

扦插　分株　半日照　20~28℃　喜溼潤

科名	胡椒科Piperaceae
屬名	草胡椒屬
原產地	巴西。
土壤	喜疏鬆、透氣、排水良好的輕質培養土。

形態特徵

多年生常綠草本，植株簇生。葉叢生，圓心形。葉面有皺褶，暗紅色，主脈及側脈向下凹陷。花穗較長，高於植株之上，花梗紅褐色。常見栽培的還有綠皺椒草。

應用

葉色美觀，多盆栽，適合臥室、客廳、書房的桌上擺放觀賞。

花期					
1	2	3	4	5	6
7	8	9	10	11	12

紅邊椒草

Peperomia clusiifolia

扦插　分株　半日照　20~28℃　喜溼潤

科名	胡椒科Piperaceae
屬名	草胡椒屬
原產地	牙買加。
土壤	喜疏鬆、肥沃的土壤。

形態特徵

多年生常綠草本，株高10~30 cm。葉肉質，肥厚。互生，全緣，葉邊緣紅色。肉穗花序。

應用

株形小巧，葉色美觀，常盆栽，適合臥室、書房、客廳、陽台等空間擺放觀賞。

花期					
1	2	3	4	5	6
7	8	9	10	11	12

豆瓣綠

Peperomia tetraphylla

科名	胡椒科Piperaceae
屬名	草胡椒屬
別名	豆瓣菜
原產地	中國、亞洲、非洲、美洲、大洋洲。
土壤	喜肥沃、排水良好的土壤。

形態特徵

多年生叢生草本。莖葉肥厚多肉，植株低矮，3片或4片輪生，闊橢圓形或近圓形。穗狀花序單生、頂生和腋生。

應用

葉形美觀，為常見觀葉植物，常用於布置窗台、書案、茶几等環境。

乳斑椒草

Peperomia obtusifolia 'Variegata'

科名	胡椒科Piperaceae
屬名	草胡椒屬
別名	乳紋椒草
原產地	栽培種。
土壤	不擇土壤。

形態特徵

多年生常綠草本，株高20~40 cm。莖多分支，肉質，平滑無毛，葉倒卵形，先端尖，具有光澤，葉邊緣具大塊乳黃色斑塊。穗狀花序，密生小花，綠白色。

應用

株形小巧雅致，葉色美觀，常盆栽觀賞。

花期					
1	2	3	4	5	6
7	8	9	10	11	12

荷葉椒草

Peperomia polybotrya

科名	胡椒科Piperaceae
屬名	草胡椒屬
原產地	熱帶及亞熱帶地區。
土壤	喜肥沃、排水良好的土壤。

形態特徵

多年生常綠草本，株高15~20 cm。葉肉質，簇生，葉倒卵形。穗狀花序，灰白色。

應用

葉色靚麗，觀賞性強，為優良的觀葉植物，多盆栽欣賞，可裝飾窗廳、臥室、書房等案几之上。

花期	1	2	3	4	5	6
	7	8	9	10	11	12

白脈椒草

Peperomia puteolata

科名	胡椒科Piperaceae
屬名	草胡椒屬
別名	白脈椒豆瓣綠
原產地	祕魯。
土壤	喜疏鬆、排水良好的土壤。

形態特徵

多年生草本植物，植株易叢生，高20~30cm。葉3~4片輪生，具紅褐色短柄，質厚，稍呈肉質，橢圓形，全緣，葉面有5條凹陷的月牙白色脈紋。穗狀花序細長。

應用

株形小巧，葉色美觀、雅致，觀賞性佳，多盆栽置於窗台、桌上等處美化觀賞。

斑葉垂椒草

Peperomia serpens 'Variegata'

科名	胡椒科Piperaceae
屬名	草胡椒屬
原產地	栽培種。
土壤	喜疏鬆、排水良好的土壤。

形態特徵

多年生常綠草本植物。植株蔓性，匍匐狀生長，莖圓形，肉質，多汁。葉長心臟形，先端尖，葉面淡綠色，葉緣黃白色。穗狀花序長。

應用

株形美觀，葉色淡雅，適合臥室、客廳、陽台等處吊掛栽培，也可於廊架、走廊等處懸掛栽培欣賞。

花葉海桐

Pittosporum tobira 'Variegatum'

科名	海桐科Pittosporaceae
屬名	海桐屬
原產地	栽培種。
土壤	不擇土壤。

形態特徵

常綠灌木或小喬木，株高可達5m。單葉互生，有時在枝頂呈輪生狀，厚革質倒卵形，全緣，葉灰綠色，葉緣具黃白色緣帶。頂生繖房花序，花白色或淡黃色，有芳香。蒴果球形。

應用

葉色美觀，比原種觀賞性更佳。盆栽可裝飾客廳、臥室、書房或陽台等處，是庭院綠化的良材。

海桐

Pittosporum tobira

播種　扦插　全日照　半日照　15~28℃　喜溼潤/耐旱

科名	海桐科Pittosporaceae	屬名	海桐屬
別名	山礬		
原產地	日本、韓國、中國。		
土壤	不擇土壤。		

形態特徵

常綠灌木，高達3m。單葉互生，有時在枝頂簇生，倒卵形或卵狀橢圓形，先端圓鈍，基部楔形，全緣，邊緣反捲，厚革質。聚繖花序頂生，花白色或帶黃綠色，芳香。蒴果。

應用

為著名的觀葉、觀果植物，盆栽；對二氧化硫等有害氣體具較強的抗性，是廠礦區綠化的良好樹種。

▶蒴果開裂露出鮮紅色種子。

藥用

枝、葉入藥，具有祛風活絡、散瘀止痛的功效。

樹馬齒莧

Portulacaria afra

科名	馬齒莧科Portulacaceae	屬名	馬齒莧樹屬
別名	馬齒莧樹		
原產地	非洲南部。		
土壤	喜疏鬆、排水良好的沙質土壤。		

形態特徵

多年生肉質灌木。莖葉肥厚多肉，單葉對生，倒卵形，先端近平截或微凹，基部楔形，綠色。

應用

株形古樸，葉片青翠，為優良的觀葉植物，適合盆栽裝飾陽台、窗台或案几等處，也可用於多肉植物園栽培觀賞或製作盆景。

▶單葉對生，倒卵形。

觀葉植物 被子植物

斑葉樹馬齒莧

Portulacaria afra 'Variegata'

科名	馬齒莧科Portulacaceae
屬名	馬齒莧樹屬
別名	花葉銀公孫樹、花葉馬齒莧樹
原產地	栽培種。
土壤	喜疏鬆、排水良好的沙質土壤。

形態特徵

多年生肉質灌木，枝幹褐色。莖葉肥厚多肉，單葉對生，倒卵形，先端近平截或微凹，基部楔形，初生葉邊緣淡紅色，後呈淡黃色，中間綠色。

應用

株形古樸，葉片色澤美觀，為常見栽培的觀葉植物，適合盆栽裝飾陽台、窗台，也用於製作盆景。

紅葉石楠

Photinia × *fraseri* 'Red Robin'

科名	薔薇科Rosaceae
屬名	石楠屬
別名	紅芽石楠
原產地	雜交種。
土壤	喜疏鬆、排水良好的土壤。

形態特徵

常綠喬木，高達12m，多做灌木栽培。葉革質，長橢圓至側卵狀橢圓形，先端尖，基部楔形，邊緣具細鋸齒，新葉亮紅色，老葉綠色。複繖房花序，花白色。漿果紅色。

應用

葉色紅豔，生性強健，盆栽適合頂樓花園、陽台擺放。園林中常修剪成灌木狀用於路邊觀賞。

胡椒木

Zanthoxylum 'Odorum'

科名	芸香科Rutaceae
屬名	花椒屬
別名	山椒
原產地	園藝種。
土壤	喜排水良好、肥沃的沙質土壤。

形態特徵

常綠灌木，高30~90cm。奇數羽狀複葉，小葉對生，倒卵形，革質，葉面濃綠，有光澤。雌雄異株，雄花黃色，雌花橙紅色，花小，有香味。果實橢圓形。

應用

為優良的觀葉植物，盆栽可用於裝飾室內等空間，也適合庭院路邊、池畔、林緣下栽培觀賞。

垂柳

Salix babylonica

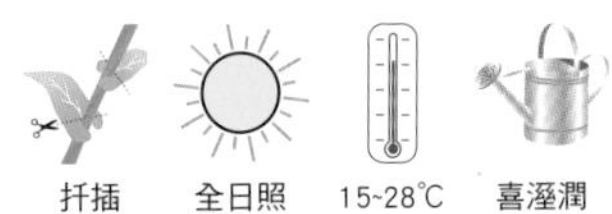

科名	楊柳科Salicaceae
屬名	柳屬
別名	垂枝柳、倒掛柳
原產地	中國。
土壤	不擇土壤。

形態特徵

喬木，株高可達12~18m。葉狹披針形或線狀披針形，先端長漸尖，基部楔形，鋸齒緣。花序先葉開放，或與葉同時開入，雄花序有短梗。雌花序有梗。蒴果。

應用

株形優美，常用於路邊、水岸邊或植於庭院中觀賞；木材可作家具；枝條可用於編織；樹皮可提製栲膠。

虎耳草

Saxifraga stolonifera

分株　走莖　半日照　16~28℃　喜溼潤

科名	虎耳草科Saxifragaceae
屬名	虎耳草屬
別名	金線吊芙蓉
原產地	日本、韓國、中國、台灣。
土壤	喜肥沃、排水良好的土壤。

形態特徵

多年生草本，株高8~45cm。基生葉近心形、腎形至扁圓形，先端鈍或急尖，基部近截形，圓形至心形，淺裂；莖生葉披針形。聚繖花序圓錐狀，花瓣白色，中上部具紫紅色斑點，基部具黃色斑點。

應用

葉形美觀，盆栽用於室內綠化。

銅錢草

Hydrocotyle vulgaris

分株　走莖　22~30℃　喜溼/水生

科名	繖形科 Apiaceae
屬名	天胡荽屬
別名	香菇草、野天胡荽
原產地	歐洲、非洲、北美。
土壤	不擇土壤。

形態特徵

多年生草本，莖蔓性，株高5~15cm，節上常生根。葉具長柄，圓盾形，邊緣波狀，綠色，光亮。繖形花序，小花白色。

應用

葉形美觀，生性強健，盆栽適合置於室內作綠美化，也是庭院水景綠化的優良材料；園林中常用於水體岸邊或淺水處栽培。

冷水麻
Pilea notata

分株 半日照 20~28℃ 喜溼潤

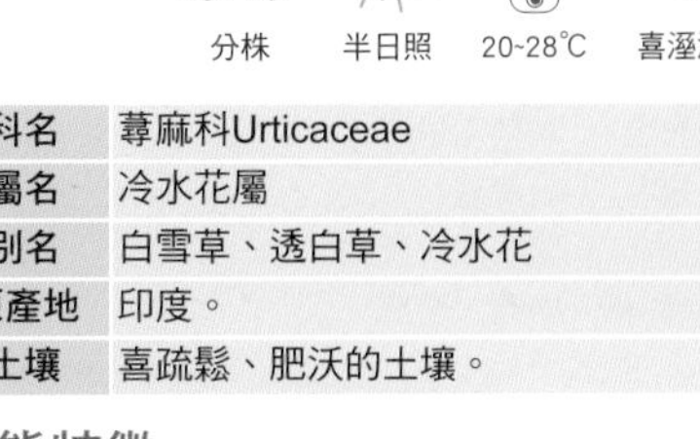

科名	蕁麻科Urticaceae
屬名	冷水花屬
別名	白雪草、透白草、冷水花
原產地	印度。
土壤	喜疏鬆、肥沃的土壤。

形態特徵

多年生常綠草本，株高15~40cm。葉對生，卵狀橢圓形，葉緣上部具疏鈍鋸齒。葉脈間有4條大小不同的銀白色縱向寬條紋，葉背淺綠色，葉緣有淺齒。頂生聚繖花序，小花白色。

應用

葉色清雅，秀麗可愛。盆栽可置於室內美化觀賞；園林中常用作地被植物。

圓葉冷水麻
Pilea nummulariifolia

科名	蕁麻科Urticaceae
屬名	冷水花屬
別名	泡葉冷水花
原產地	哥斯大黎加、哥倫比亞。
土壤	喜富含腐植質的土壤。

形態特徵

多年生常綠草本。匍匐蔓生，分支細而多，全株被短而細的絨毛。葉對生，圓形，質薄，葉緣具半圓形鋸齒，脈間葉肉凸起。

應用

葉色美觀，盆栽適合點綴案几、書桌、窗台等處；園林中可用於蔽蔭的林下、路邊栽培觀賞，也可作地被植物。

花期	1	2	3	4	5	6
	7	8	9	10	11	12

觀葉植物 被子植物

地錦

Parthenocissus tricuspidata

播種　扦插　壓條　全日照　18~28℃　喜溼潤/耐旱

科名	葡萄科Vitaceae
屬名	地錦屬
別名	爬山虎、爬牆虎
原產地	中國、台灣。
土壤	不擇土壤。

形態特徵

木質落葉藤本，具捲鬚，頂端遇附著物擴大成吸盤。葉為單葉，通常著生在短枝上為3淺裂，偶有著生在長枝上的葉不裂，常倒卵圓形，頂端裂片急尖，基部心形，邊緣具鋸齒。花序為多歧聚繖花序，花瓣5枚。果實球形。

應用

葉繁密美觀，春夏翠綠，入冬後葉色變紅，有極高的觀賞性。

斑葉月桃

Alpinia zerumbet 'Variegata'

分株　全日照　半日照　22~28℃　喜溼潤

科名	薑科Zingiberaceae
屬名	山薑屬
別名	花葉良薑、彩葉薑、花葉豔山薑
原產地	東南亞熱帶地區。
土壤	喜肥沃、排水良好的土壤。

形態特徵

多年生草本，株高1~2m。葉具鞘，長橢圓形，先端漸尖，葉面深綠色，並有金黃色的縱斑紋、斑塊。圓錐花序下垂，苞片白色，邊緣黃色，頂端及基部粉紅色，花冠白色。

應用

為優良的觀葉植物，盆栽可用於廳堂或階前綠化；園林中常群植於路邊、池畔或一隅觀賞。

馬拉巴栗

Pachira macrocarpa

播種　扦插　全日照　半日照　20~30℃　喜溼潤

科名	木棉科Bombacaceae	屬名	瓜栗屬
別名	發財樹、瓜栗		
原產地	墨西哥至哥斯大黎加。		
土壤	喜肥沃疏鬆、排水良好的微酸性沙質土壤。		

形態特徵

小喬木，株高4~5m。小葉5~11枚，長圓形至倒卵狀長圓形，漸尖，基部楔形，全緣。花單生枝頂葉腋，花瓣淡黃綠色，狹披針形至線形，雄蕊管分裂為多數雄蕊束，每束再分裂為7~10枚細長的花絲。蒴果近梨形。

應用

株形美觀，花、葉、果均可觀賞，盆栽可置於客廳、辦公室等空間觀賞，園林中常用作行道樹或單植於草地或路邊；果皮未熟時可食，種子可炒食，也可榨油。

▲蒴果近梨形。

花期						
	1	2	3	4	5	6
	7	8	9	10	11	12

刺果番荔枝

Annona muricata

播種　全日照　22~32℃　喜溼潤

科名	番荔枝科Annonaceae	屬名	番荔枝屬
別名	紅毛榴槤、山刺番荔枝		
原產地	熱帶美洲。		
土壤	喜疏鬆、肥沃的微酸性土壤。		

形態特徵

常綠小喬木，株高可達8m。葉紙質，倒卵狀長圓形至橢圓形，頂端急尖或鈍，基部寬楔形或圓形，具光澤。花蕾卵圓形，花淡黃色。果卵圓形，深綠色。

應用

果實外形奇特，具有較高的觀賞性，常用於庭院、公園綠化，單植、列植效果均佳；果實成熟後酸甜，可食用；木材堅硬，可用於造船。

▲果卵圓形，深綠色。

花期							果期						
	1	2	3	4	5	6		1	2	3	4	5	6
	7	8	9	10	11	12		7	8	9	10	11	12

鷹爪花

Artabotrys hexapetalus

播種　全日照　20~30°C　喜溼潤

科名	番荔枝科Annonaceae	屬名	鷹爪花屬
別名	鷹爪蘭、鷹爪、五爪花		
原產地	中國、台灣、越南、泰國、印度。		
土壤	不擇土壤。		

形態特徵

攀緣灌木。葉紙質，互生，全緣，平滑，長圓形或闊披針形。花淡綠色或淡黃色，著生於鉤狀總梗上，花瓣長圓狀披針形，花具芳香。果卵圓形。

應用

盆栽適合置於陽光充足的地方觀賞；花含芳香精油，可提製為化妝品的香精原料；花可用於薰茶。

藥用

根可入藥。

▶花淡綠色或淡黃色。

花期	1	2	3	4	5	6
	7	8	9	10	11	12

果期	1	2	3	4	5	6
	7	8	9	10	11	12

觀果植物　被子植物

梅葉冬青

Ilex asprella

播種 全日照 18~28℃ 喜溼潤

科名	冬青科Aquifoliaceae	屬名	冬青屬
別名	崗梅、假冬青、秤星樹		
原產地	中國、菲律賓。		
土壤	不擇土壤。		

形態特徵

落葉灌木，株高可達3m。葉膜質，在長枝上互生，在縮短枝上簇生枝頂，卵形或卵狀橢圓形，先端尾狀漸尖，基部鈍至近圓形，邊緣具鋸齒。雄花白色。果球形，熟時黑色。

應用

可於道路兩邊、林緣處栽培觀賞。

藥用

根、葉可入藥，具有清熱解毒、生津止渴、消腫散瘀的功效。

▶果球形，熟時黑色。

花期						
	1	2	3	4	5	6
	7	8	9	10	11	12

果期						
	1	2	3	4	5	6
	7	8	9	10	11	12

觀果植物 被子植物

鐵冬青

Ilex rotunda

播種　扦插　全日照　18~30℃　喜溼潤

科名	冬青科Aquifoliaceae	屬名	冬青屬
別名	白沉香、龍膽仔		
原產地	日本、韓國、中國、台灣。		
土壤	不擇土壤。		

形態特徵

常綠喬木，株高5~15m。葉革質或紙質，橢圓形、卵形或倒卵形，全緣，上面有光澤。聚繖花序腋生，雌雄異株，花單性，白色。果球形，熟時紅色。

應用

適合公園、綠地等環境列植或單植欣賞；可作切枝材料，用於點綴插花作品。

藥用

樹皮、根、葉、果可入藥。

▶花單性，白色。

花期						
	1	2	3	4	5	6
	7	8	9	10	11	12

果期						
	1	2	3	4	5	6
	7	8	9	10	11	12

觀果植物　被子植物

唐綿

Gomphocarpus physocarpus

播種　扦插　全日照　22~28℃　喜溼潤

科名	蘿藦科Asclepiaceae	屬名	釘頭果屬
別名	風船唐棉、氣球花、釘頭果、唐棉		
原產地	非洲熱帶地區。		
土壤	不擇土壤，喜疏鬆、肥沃的微酸性土壤。		

形態特徵

常綠灌木， 株高1~2m。 葉對生，線形，嫩綠色。聚繖花序，花頂生或腋生，五星狀，白色或淡黃色，有香氣。果實呈卵圓形，外果皮具軟刺。

應用

盆栽可用於廳堂及階前點綴，也適合於庭院及公園等環境的草地邊緣、路邊、假山石旁栽培觀賞；果枝為常見的切花配材。

▲果卵圓形，外果皮具軟刺。

花期	1	2	3	4	5	6
	7	8	9	10	11	12

果期	1	2	3	4	5	6
	7	8	9	10	11	12

南天竹
Nandina domestica

播種 扦插 分株 半日照 15~25℃ 喜溼潤

科名	小蘗科 Berberidaceae	屬名	南天竹屬
別名	天竺、蘭竹		
原產地	日本、中國。		
土壤	喜排水良好、肥沃的微酸性土壤。		

形態特徵

常綠灌木，高3m左右。葉互生，為2~3回奇數羽狀複葉，小葉橢圓披針形，全緣，革質，秋、冬季常變紫紅色。圓錐花序頂生，花白色。漿果球形，成熟時淡紅色。

應用

為優良的觀葉、觀果植物，可於頂樓、陽台或客廳等處栽培觀賞；園林中多叢植於山石旁、水岸邊或庭前。

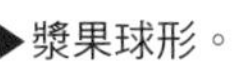
▶漿果球形。

花期	1	2	3	4	5	6
	7	8	9	10	11	12

果期	1	2	3	4	5	6
	7	8	9	10	11	12

十字蒲瓜樹

Parmentiera alata

播種　扦插　高壓　全日照　20~28℃　喜溼潤

科名	紫葳科Bignoniaceae	屬名	葫蘆樹屬
別名	蠟燭樹、十字架樹、叉葉木		
原產地	南美熱帶地區。		
土壤	喜疏鬆、肥沃的土壤。		

形態特徵

常綠小喬木，株高3~6m。葉簇生於小枝上，小葉3枚，三叉狀，長披針形至倒匙形。花著生於主枝或老幹上，花冠鐘狀，具有紫褐色斑紋。

應用

花、葉、果均有較強的觀賞價值，老莖生花結果，極為奇特，適合於公園及風景區等處栽培欣賞。

藥用

果殼可入藥。

▲花冠鐘狀。

花期	1	2	3	4	5	6
	7	8	9	10	11	12

果期	1	2	3	4	5	6
	7	8	9	10	11	12

胭脂樹

Bixa orellana

播種　高壓　全日照　22~30℃　喜溼潤

科名	胭脂樹科 Bixaceae	屬名	紅木屬
別名	紅木		
原產地	熱帶美洲。		
土壤	不擇土壤，以肥沃、排水良好的土壤為佳。		

形態特徵

常綠灌木或小喬木，株高3~7m。單葉互生、心狀卵形或三角狀卵形，先端漸尖，基部渾圓或近截形，全緣。圓錐花序頂生，花兩性，花粉紅色，外面密生褐黃色鱗片。蒴果卵形或近球形。

應用

果實紅豔，適合在室內外等處叢植、單植或列植於路邊觀賞；種子外皮可作染料；樹皮可作繩索。

藥用

種子可入藥。

花期	1	2	3	4	5	6
	7	8	9	10	11	12

果期	1	2	3	4	5	6
	7	8	9	10	11	12

▲葉互生，呈心狀卵形或三角狀卵形。

普刺特草

Pratia nummularia

播種　扦插　全日照　18-28℃　喜溼潤/耐旱

科名	桔梗科Campanulaceae	屬名	銅錘玉帶屬
別名	小銅錘、扣子草、普拉特草、銅錘玉帶草、老鼠拖秤錘		
原產地	中國、台灣、越南、寮國、泰國、緬甸、馬來西亞、印度、澳大利亞、南美洲。		
土壤	不擇土壤。		

形態特徵

匍匐草本，節上生根。葉成2列，卵圓形或近圓形、腎狀圓形，有時偏斜，基部近圓形至心形，邊緣具銳尖三角形齒。花冠淡紫色、玫瑰紅色，或帶綠色、黃白色，喉部黃色，在下唇3裂片基部有紫斑。漿果橢圓形，紫色至深紫藍色。

應用

成熟果實可直接食用。

藥用

全草可入藥，用於治療風溼、跌打損傷等症。

花期	1	2	3	4	5	6
	7	8	9	10	11	12

果期	1	2	3	4	5	6
	7	8	9	10	11	12

▲葉成2列，卵圓形或近圓形、腎狀圓形。

冇骨消

Sambucus chinensis

科名	忍冬科Caprifoliaceae	屬名	接骨木屬
別名	接骨草、筆頭草、陸英		
原產地	中國、台灣。		
土壤	不擇土壤。		

形態特徵

高大草本或半灌木，株高1~2m。羽狀複葉，小葉2~3對，互生或對生，狹卵形，嫩時上面有疏柔毛，先端長漸尖，基部鈍圓，兩側不等，邊緣具細齒。複繖形花序頂生，花白色。果實紅色，近圓形。

應用

果實豔麗，可植於林緣、假山石邊或牆垣邊觀賞。

藥用

全草入藥，具有祛風溼、通經活血、解毒消炎的功效。

▶ 葉狹卵形。

花期	1	2	3	4	5	6
	7	8	9	10	11	12

果期	1	2	3	4	5	6
	7	8	9	10	11	12

觀果植物 被子植物

珊瑚樹

Viburnum odoratissimum

播種　扦插　全日照　18~28℃　喜溼潤/耐旱

科名	忍冬科Caprifoliaceae	屬名	莢蒾屬
別名	法國冬青		
原產地	中國、越南、緬甸、菲律賓、印度。		
土壤	不擇土壤，以肥沃、排水良好的沙壤土為佳。		

形態特徵

常綠小喬木，株高可達8m。單葉，倒卵狀橢圓形，邊緣波狀或具粗鈍齒，近基部全緣，葉表面暗綠色，葉背淡綠色。聚繖花序，小花筒狀，花白色，具芳香。核果倒卵形，暗紅色。

應用

花芳香，果實紅豔美麗，是優良的觀花觀果植物，適合路邊、牆邊等處栽培觀賞，也可整修成綠籬、花牆欣賞。

▶單葉，邊緣波狀或具粗鈍齒。

花期	1	2	3	4	5	6
	7	8	9	10	11	12

果期	1	2	3	4	5	6
	7	8	9	10	11	12

觀賞南瓜

Cucurbita spp.

科名	葫蘆科Cucurbitaceae	屬名	南瓜屬
原產地	栽培種。		
土壤	不擇土壤。		

形態特徵

一年生蔓性草本。葉具淺裂，基部心形，捲鬚2至多支。雌雄同株。花單生，黃色，花冠合瓣，鐘狀，5裂僅達中部。果實多種，有大型、中型及小型，肉質，不開裂，種子多數。

應用

形態各異，色澤多變，有較強的觀賞性。農業觀光園及植物園常見栽培，用於棚架、柵欄、綠籬垂直綠化。

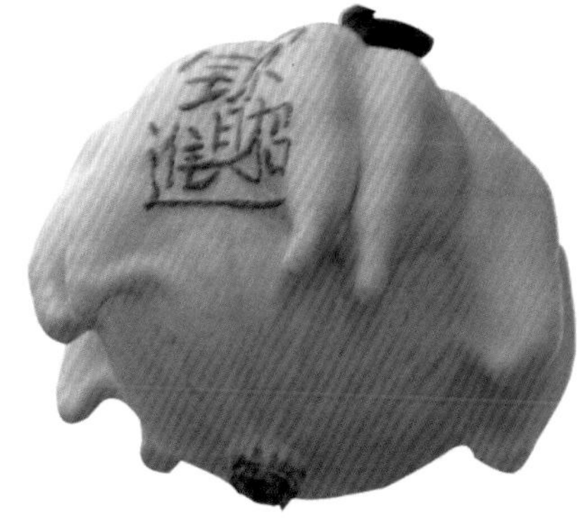

▲果實多種，肉質，不開裂。

花期							果期						
	1	2	3	4	5	6		1	2	3	4	5	6
	7	8	9	10	11	12		7	8	9	10	11	12

葫蘆

Lagenaria siceraria

播種 全日照 20~32℃ 喜溼潤/耐旱

科名	葫蘆科Cucurbitaceae	屬名	葫蘆屬
別名	瓠		
原產地	世界各地廣泛栽培。		
土壤	喜疏鬆、排水良好的土壤。		

形態特徵

一年生攀緣草本。葉片卵狀心形或腎狀卵形，不分裂或3~5裂，先端銳尖，邊緣有不規則的齒，基部心形。花單生，雌雄同株，花冠黃色。果實初為綠色，後變白至黃色。

應用

果形美觀，常用於花架、棚架、綠廊及牆垣等處垂直綠化，也適合庭院栽培觀賞。

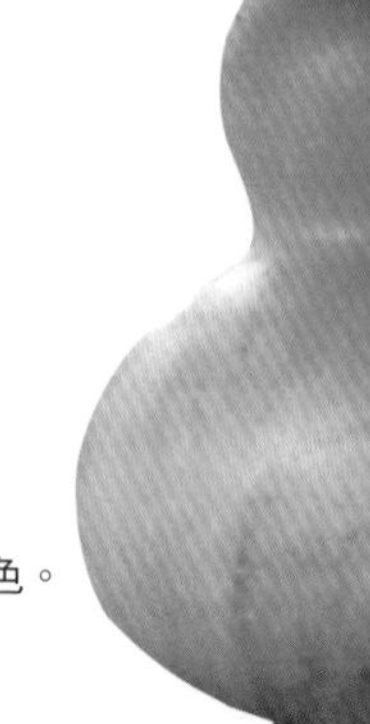

▶果實初為綠色。

花期	1	2	3	4	5	6	果期	1	2	3	4	5	6
	7	8	9	10	11	12		7	8	9	10	11	12

觀賞葫蘆

Lagenaria spp.

播種　全日照　20~30℃　喜溼潤

科名	葫蘆科Cucurbitaceae	屬名	葫蘆屬
原產地	非洲、美洲等地。		
土壤	不擇土壤。		

形態特徵

一年生攀緣草本。葉片卵狀心形或腎狀卵形，不分裂或3~5裂，先端銳尖，邊緣有不規則的齒，基部心形。花單生，雌雄同株，花冠黃色。不同品種果實各異，常見的觀賞葫蘆有長柄葫蘆、鶴首葫蘆等。

應用

因種類不同，形態各異，觀賞性極佳。適合於公園、綠地、風景區等處的棚架、柵欄、綠籬作綠化。

▶不同品種果實各異。

觀果植物　被子植物

柿

Diospyros kaki

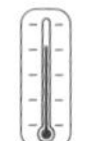

播種 嫁接 全日照 16~26℃ 喜溼潤/耐旱

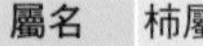

科名	柿樹科Ebenaceae	屬名	柿屬
別名	朱果、猴棗		
原產地	中國。		
土壤	喜疏鬆、排水良好的土壤。		

形態特徵

落葉大喬木。葉互生，紙質，卵狀橢圓形至倒卵形或近圓形，老葉上面有光澤，深綠色，全緣。雌雄同株或異株，花冠鐘狀，黃白色。漿果卵圓形或扁球形，橙黃色或鮮黃色。

應用

果大色豔，多作水果栽培，成熟後果實可直接生食或製成柿餅；木材質硬，紋理細，可作家具。

藥用

柿蒂、柿霜可入藥。

▲漿果卵圓形或扁球形。

花期							果期						
	1	2	3	4	5	6		1	2	3	4	5	6
	7	8	9	10	11	12		7	8	9	10	11	12

觀果植物 被子植物

五月茶
Antidesma bunius

科名	大戟科Euphorbiaceae	屬名	五月茶屬
別名	汗槽樹、五味子		
原產地	廣布亞洲熱帶至澳大利亞；中國。		
土壤	不擇土壤。		

形態特徵

常綠喬木，株高可達10m。葉紙質，長橢圓形、倒卵形或長倒卵形，頂端急尖至圓，有短尖頭，基部寬楔形或楔形。雄花序為頂生的穗狀花序，雌花序為頂生的總狀花序。核果圓球形或橢圓形，紅色。

應用

葉片深綠，果實紅豔美麗，適合於庭院、綠地等處栽植觀賞。

藥用

葉可供藥用，用於治療小兒頭瘡；根葉可治跌打損傷。

花期	1	2	3	4	5	6
	7	8	9	10	11	12

果期	1	2	3	4	5	6
	7	8	9	10	11	12

▲核果圓球形或橢圓形，紅色。

枯里珍

Antidesma pentandrum var. *barbatum*

播種　扦插　全日照　22~30℃　喜溼潤

科名	大戟科Euphorbiaceae	屬名	五月茶屬
別名	五蕊山巴豆、五蕊五月茶		
原產地	台灣、菲律賓。		
土壤	喜疏鬆土壤。		

形態特徵

灌木。葉紙質，橢圓形或卵狀長圓形，頂端急尖，基部鈍。總狀花序腋生或頂生，不分支，雄花萼片4，雌花萼片5。核果，淡紅色。

應用

果實豔麗，盆栽適合置於陽台、頂樓綠化，或於庭院的一隅及路邊栽培觀賞；景觀設計中常作為公園、綠地的綠化或綠籬。

▶核果。

花期	1	2	3	4	5	6	7	8	9	10	11	12

果期	1	2	3	4	5	6	7	8	9	10	11	12

紅珠仔

Breynia officinalis

播種 扦插 分株  全日照  22~30℃  喜溼潤

科名	大戟科Euphorbiaceae	屬名	山漆莖屬
別名	七日暈、山漆莖		
原產地	台灣。		
土壤	不擇土壤。		

形態特徵

常綠灌木，株高1~3m。單葉互生，革質，卵形或寬卵形，先端鈍，基部楔形，全緣。花小，無花瓣。果肉質，近球形，紅色。

應用

果紅豔可愛，適合於公園、山石邊及水岸邊栽培觀賞。

藥用

根、葉入藥，具有解毒散結、止痛強心的功效；果有毒，忌誤食。

▶果實呈球形，紅色。

花期 

果期 

西印度醋栗

Phyllanthus acidus

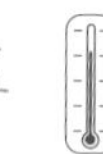

播種　扦插　高壓　全日照　22~30℃　喜溼潤

科名	大戟科Euphorbiaceae	屬名	葉下珠屬
原產地	馬達加斯加。		
土壤	喜疏鬆、排水良好的土壤。		

形態特徵

常綠小喬木，株高5~10m。葉互生，卵形或橢圓形，先端尖，基部楔形，全緣。穗狀花序， 生於樹幹或新枝上， 花小，紅色。果淡黃色，扁球形。

應用

果實繁密，可用於觀賞，適合公園、綠地及庭院栽培；果實可用於製作果醬、果汁或蜜餞等。

▶果淡黃色，扁球形。

花期

果期
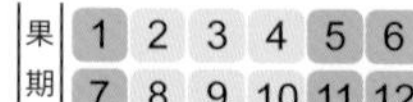

孔雀豆

Adenanthera pavonina

播種　全日照　22~30℃　喜溼潤

科名	豆科Fabaceae	屬名	海紅豆屬
別名	紅豆、海紅豆、相思豆		
原產地	中國、台灣、東南亞。		
土壤	不擇土壤。		

形態特徵

落葉喬木，株高5~20m。二回羽狀複葉，小葉4~7對，互生，長圓形或卵形。總狀花序，單生於葉腋，或在枝頂排成圓錐花序。花小，白色或黃色，有淡香。莢果，種子鮮紅色。

應用

種子鮮紅色，極美觀，可作裝飾品。花具淡香，可用作公園、綠地的風景樹或庭蔭樹種，也可作為行道樹；木材質地堅硬耐腐性佳，可作為船舶、建築用材。

▲種子鮮紅色。

栗豆樹

Castanospermum australe

播種　半日照　22~30℃　喜溼潤

科名	豆科Fabaceae	屬名	栗豆樹屬
別名	綠元寶、招財進寶		
原產地	澳洲。		
土壤	喜疏鬆、肥沃的土壤。		

形態特徵

常綠闊葉喬木。一回奇數羽狀複葉，小葉呈長橢圓形，近對生，全緣，革質。種球自基部萌發，如雞蛋般大小，革質肥厚，飽滿圓潤，富有光澤，宿存盆土表面，圓錐花序生於枝上，小花橙黃色。

應用

果大，多用花盆群植，果實宿存，觀賞價值極高，適合於客廳、窗台、桌上及書桌擺放觀賞，也可作為行道樹或風景樹。

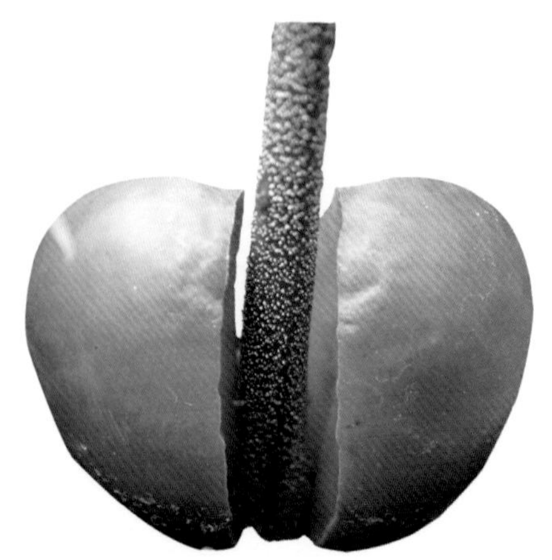

▲種球自基部萌發，如雞蛋般大小。

花期	1	2	3	4	5	6
	7	8	9	10	11	12

果期	1	2	3	4	5	6
	7	8	9	10	11	12

天門冬

Asparagus cochinchinensis

播種　扦插　半日照　16~28℃　喜溼潤

科名	百合科Liliaceae	屬名	天門冬屬
別名	天冬草、天冬		
原產地	日本、韓國、中國、越南、寮國。		
土壤	喜肥沃、疏鬆的土壤。		

形態特徵

多年生攀緣狀宿根草本。葉退化為鱗片，主莖上的鱗狀葉常變為下彎的短刺。總狀花序，簇生葉腋，黃白色或白色。漿果球形，熟時紅色。

應用

株形秀麗，果實紅豔，觀葉觀果均佳。

藥用

塊根可入藥，具有滋陰潤燥、清火止咳的功效。

▲漿果球形，熟時紅色。

波羅蜜

Artocarpus macrocarpus

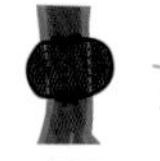

播種　扦插　高壓　全日照　22~32℃　喜溼潤

科名	桑科Moraceae	屬名	波蘿蜜屬
別名	木波蘿、樹波蘿		
原產地	印度、馬來西亞。		
土壤	喜土層深厚、排水良好的微酸性土壤。		

形態特徵

常綠喬木，株高10~20m。單葉互生，厚革質，螺旋狀排列，橢圓形或倒卵形，全緣，上面有光澤，下面略粗糙。花單性，雌雄同株，雄花序頂生或腋生，雌花序矩圓形，生於樹幹或主枝上。聚花果橢圓形至球形，成熟時黃褐色。

應用

果大奇特，園林中常單植於園路邊、草地邊觀賞，也適合作為庭蔭樹或行道樹；果成熟後可以食用；木材質地優良，可作高級用材。

▲聚花果橢圓形至球形，成熟時黃褐色。

花期	1	2	3	4	5	6	果期	1	2	3	4	5	6
	7	8	9	10	11	12		7	8	9	10	11	12

構樹

Broussonetia papyrifera

播種　扦插　全日照　16~28℃　喜溼潤/耐旱

科名	桑科Moraceae	屬名	構屬
別名	楮樹、野穀樹		
原產地	日本、中國、越南、印度。		
土壤	不擇土壤。		

形態特徵

落葉喬木，高達10~20m。單葉互生，闊卵形或長卵形，不分裂或有不規則的三五深裂，邊緣有粗齒。雌雄異株，雄花序葇荑狀，雌花排成頭狀花序。聚花果肉質，橙紅色。

應用

果實紅豔，可供觀賞，適合公園、水岸邊栽培觀賞，也常作為綠化樹種及水土保持樹種。

藥用

根皮及樹皮可入藥。

▶葉邊緣有粗鋸齒。

花期	1	2	3	4	5	6
	7	8	9	10	11	12

果期	1	2	3	4	5	6
	7	8	9	10	11	12

觀果植物　被子植物

無花果

Ficus carica

扦插　高壓

全日照

22~30℃

喜溼潤/耐旱

科名	桑科Moraceae	屬名	榕屬
別名	蜜果、映日果		
原產地	地中海沿岸、西南亞地區。		
土壤	喜肥沃、土層深厚的土壤。		

形態特徵

落葉小喬木，高達10m，常呈灌木狀。葉互生，厚膜質，寬卵形近圓，基部心形或截形，鋸齒粗鈍或波狀缺刻。花單性，隱藏於倒卵形囊狀的總花托內。隱花果梨形，綠黃色，熟後黑紫色。

應用

株形美觀，果實繁密，可觀賞，也可作為果樹植於庭院中；花托可生食，果實可釀酒或製作果乾。

▶隱花果梨形，綠黃色。

觀果植物　被子植物

Morus alba

科名	桑科Moraceae	屬名	桑屬
別名	家桑、桑樹		
原產地	中國。		
土壤	喜土層深厚、溼潤、肥沃的土壤。		

形態特徵

落葉小喬木或灌木，高達5m。葉互生，葉卵形至廣卵形，葉端尖，葉基圓形或淺心臟形，邊緣有粗鋸齒。雌雄異株，花黃綠色，雄花呈葇荑花序，雌花成穗狀花序。聚花果卵圓形或圓柱形。

應用

可作成飲料；莖皮纖維可作紡織原料；葉可以餵食蠶。

藥用

根皮、葉、果實、枝條均可入藥。

▶ 葉邊緣有粗鋸齒。

花期	1	2	3	4	5	6
	7	8	9	10	11	12

果期	1	2	3	4	5	6
	7	8	9	10	11	12

觀果植物 被子植物

楊梅

Myrica rubra

播種　扦插　全日照　15~28℃　喜溼潤

科名	楊梅科Myricaceae	屬名	楊梅屬
別名	火實、山楊梅、朱紅		
原產地	日本、韓國、中國、台灣、菲律賓。		
土壤	喜富含腐植質、排水良好的酸性或微酸性沙質土壤。		

形態特徵

常綠喬木，高可達15m以上。葉片革質，長橢圓狀、楔狀披針形，先端漸尖或急尖，邊緣中部以上具稀疏銳齒，中部以下常全緣，基部楔形。雌雄異株，雄花排列成穗狀花序，雌穗狀花序單生於葉腋。核果球形。

應用

適合植於公園、水岸邊欣賞；果實成熟後可食，亦可製作飲料。

藥用

樹皮及根可入藥，有散瘀止血、止痛的功效。

▲核果球形。

花期	1	2	3	4	5	6
	7	8	9	10	11	12

果期	1	2	3	4	5	6
	7	8	9	10	11	12

朱砂根

Ardisia crenata

科名	紫金牛科Myrsinaceae	屬名	紫金牛屬
別名	富貴籽、紅銅盤、大羅傘		
原產地	日本、中國。		
土壤	不擇土壤。		

形態特徵

常綠灌木，株高30~150cm。單葉互生，薄革質，長橢圓形，邊緣有皺波狀鈍鋸齒。繖形花序腋生，花冠白色或淡紅色，有微香。核果球形，鮮紅色。

應用

果實豔麗，為優良的觀果植物，多盆栽置於客廳、臥室或陽台美化觀賞；種子可榨油，供製肥皂。

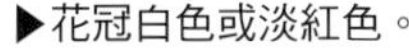
▶花冠白色或淡紅色。

花期	1	2	3	4	5	6
	7	8	9	10	11	12

果期	1	2	3	4	5	6
	7	8	9	10	11	12

扁櫻桃

Eugenia uniflora

播種　全日照　23~30℃　喜溼潤/耐旱

科名	桃金孃科Myrtaceae	屬名	番櫻桃屬
別名	番櫻桃、紅果仔、稜果蒲桃		
原產地	巴西。		
土壤	喜疏鬆、排水良好的微酸性土壤。		

形態特徵

常綠灌木或小喬木，高可達6m。葉近無柄，卵形至卵狀披針形，先端漸尖，鈍頭，基部圓形或微心形。花單生聚生葉腋，白色，稍芳香。漿果扁圓形，熟時深紅色。

應用

花色潔白，果實豔麗，為優良的觀果灌木植物；果成熟後可生食或製作飲料。

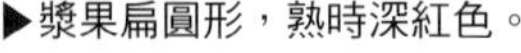

▶漿果扁圓形，熟時深紅色。

花期	1	2	3	4	5	6	果期	1	2	3	4	5	6
	7	8	9	10	11	12		7	8	9	10	11	12

觀果植物　被子植物

蒲桃

Syzygium jambos

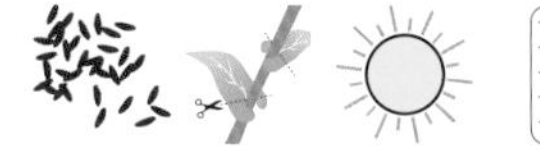

科名	桃金孃科Myrtaceae	屬名	蒲桃屬
別名	簷木、香果		
原產地	中國、台灣、中南半島、馬來西亞、印尼。		
土壤	不擇土壤。		

形態特徵

常綠喬木，株高達10m。葉片革質，披針形或長圓形，先端漸尖，基部闊楔形，葉面多透明小腺點。聚繖花序頂生，著花數朵，白色。漿果。

應用

果實黃白色，可供觀賞，園林中常作為風景樹，可植於水岸邊觀賞，也可植於庭院作庭蔭樹種；葉及果含油腺點，可提取香精；果可食，也可用於製作飲料。

▲漿果。

花期	1	2	3	4	5	6
	7	8	9	10	11	12

果期	1	2	3	4	5	6
	7	8	9	10	11	12

桂葉黃梅

Ochna integerrima

播種

高壓

全日照

20~30℃

喜溼潤

科名	金蓮木科Ochnaceae	屬名	金蓮木屬
別名	米老鼠花、金蓮木		
原產地	中國、越南、泰國、緬甸、柬埔寨、馬來西亞、巴基斯坦。		
土壤	不擇土壤，以疏鬆、肥沃的微酸性土壤為佳。		

形態特徵

常綠灌木，株高2~4m。葉互生，薄紙質或近膜質，狹披針形或狹橢圓形，邊緣有密而細的腺狀鋸齒，花序頂生，狹圓錐狀；花具柄；花黃色，橢圓形。核果。

應用

果奇特，可盆栽置於階前、陽台及頂樓綠化；園林中適合於路邊、牆垣邊栽培觀賞。

▶核果。

花期	1	2	3	4	5	6	果期	1	2	3	4	5	6
	7	8	9	10	11	12		7	8	9	10	11	12

觀果植物 被子植物

流蘇樹

Chionanthus retusus

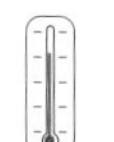

播種　扦插　高壓　全日照　18~28℃　喜溼潤/耐旱

科名	木犀科Oleaceae	屬名	流蘇樹屬
別名	糯米花、碎米花、牛筋子、烏金子		
原產地	日本、韓國、中國。		
土壤	喜疏鬆的中性至微酸性土壤。		

形態特徵

落葉灌木或喬木，高可達20m。葉片對生，革質，橢圓形、卵形或倒卵形，先端銳尖、或鈍或微凹，基部楔形至寬楔形或近圓形，全緣，少數有小鋸齒。聚繖狀圓錐花序，花單性，雌雄異株，花冠白色。果橢圓形，成熟時黑色。

應用

果小繁密，可供觀賞，嫩葉可代茶葉，故有茶葉樹之稱；種子含油，可供食用及製皂。

▶花冠白色。

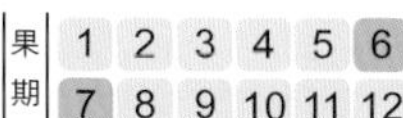

花期	1	2	3	4	5	6
	7	8	9	10	11	12

果期	1	2	3	4	5	6
	7	8	9	10	11	12

觀果植物　被子植物

林投

Pandanus tectorius

科名	露兜樹科Pandanaceae	屬名	露兜樹屬
別名	露兜、露兜樹		
原產地	中國、亞洲熱帶及澳大利亞。		
土壤	不擇土壤。		

形態特徵

常綠灌木或小喬木。葉簇生於枝頂，螺旋狀排列，條形，先端為長尾尖，葉緣具粗壯的銳刺。雄花序由若干穗狀花序組成，佛焰苞近白色，雄花芳香，雌花序頭狀，乳白色。聚花果圓球形或長圓形。

應用

葉纖維可編製工藝品；花可提取芳香精油。

藥用

根與果可入藥。

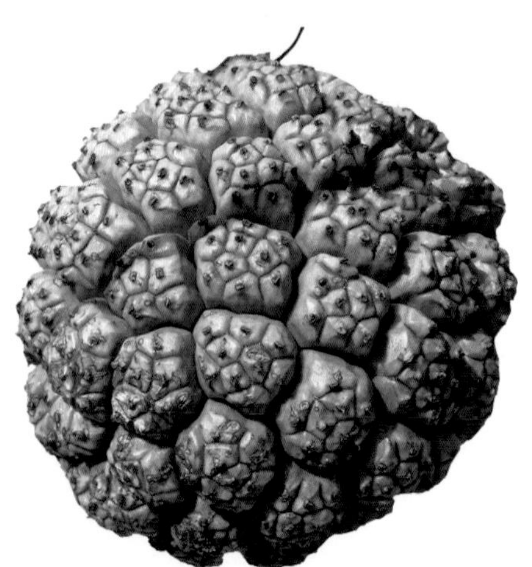

▲聚花果圓球形或長圓形。

花期	1	2	3	4	5	6	7	8	9	10	11	12
果期	1	2	3	4	5	6	7	8	9	10	11	12

西番蓮

Passionfora edulis

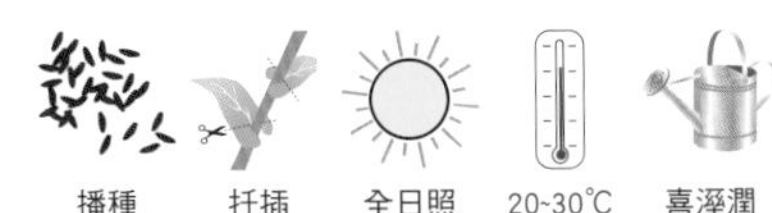

科名	西番蓮科Passifloraceae	屬名	西番蓮屬
別名	百香果、計時果		
原產地	大小安地列斯群島。		
土壤	喜疏鬆、肥沃及排水良好的土壤。		

形態特徵

草質藤本，長約6m。葉紙質，黃綠色，頂端短漸尖，基部楔形或心形，掌狀3深裂。聚繖花序退化僅存1花，花白色，芳香。漿果。

應用

生性強健，結果率高，花、果可供觀賞，適合棚架、花籬或庭院栽培觀賞；果可生食或製作飲料，種子可榨油以供食用。

▲漿果。

花期							果期						
	1	2	3	4	5	6		1	2	3	4	5	6
	7	8	9	10	11	12		7	8	9	10	11	12

珊瑚珠

Rivina humilis

播種　扦插　全日照　22~32℃　喜溼潤

科名	商陸科Phytolaccaceae	屬名	珊瑚珠屬
別名	蕾芬、數珠珊瑚		
原產地	熱帶美洲。		
土壤	不擇土壤。		

形態特徵

常綠半灌木，莖直立。葉互生，卵形，頂端長漸尖，基部急狹或圓形，邊緣有微鋸齒。總狀花序直立或彎曲，腋生，稀頂生，花白色或粉紅色。果近球形，漿果，紅色或橙色。

應用

花果期極長，觀賞性高，果實小巧豔麗。盆栽可置於陽台、窗台或桌上裝飾，也適合於庭院栽培觀賞。

▶花白色或粉紅色。

花期	1	2	3	4	5	6	果期	1	2	3	4	5	6
	7	8	9	10	11	12		7	8	9	10	11	12

石榴

Punica granatum

播種　扦插　高壓　全日照　22~30℃　喜溼潤/耐旱

科名	石榴科Punicaceae	屬名	石榴屬
別名	安石榴、海石榴、若榴		
原產地	伊朗和地中海沿岸國家。		
土壤	不擇土壤，喜疏鬆、肥沃的土壤。		

形態特徵

落葉灌木或小喬木，株高2~7m。葉對生或簇生，長倒卵形至長圓形，或橢圓狀披針形，頂端尖。花1至數朵，生於枝頂或腋生，有短柄；花紅、白、黃或深紅色。漿果。

應用

果枝、花枝可用於插花及製作果籃；對二氧化硫和氯氣等有害氣體具較強的抗性。

藥用

根、葉、花均可藥用。

▶漿果。

花期	1	2	3	4	5	6	果期	1	2	3	4	5	6
	7	8	9	10	11	12		7	8	9	10	11	12

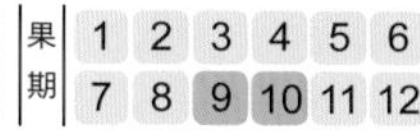

梅

Armeniaca mume

播種　嫁接　全日照　18~24℃　喜溼潤/耐旱

科名	薔薇科Rosaceae	屬名	李屬
別名	幹枝梅、春梅、梅花		
原產地	日本、韓國、中國。		
土壤	不擇土壤，喜疏鬆、肥沃的沙質土壤。		

形態特徵

落葉小喬木，株高達6~8m。葉廣卵形至卵形，先端長漸尖或尾尖，邊緣具細鋸齒。花腋生，單生或兩朵簇生，呈淡粉紅、白、紫、紅、彩斑至淡黃等花色，單瓣或重瓣，有暗香，先葉而開。核果。

應用

梅花是切花的優良材料，特別適合於古典插花或自然式插花；部分品種的果實可食用，適合鹽漬、製作果脯等，也可釀酒。

▶花腋生。

花期					
1	2	3	4	5	6
7	8	9	10	11	12

果期					
1	2	3	4	5	6
7	8	9	10	11	12

櫻桃

Prunus pseudocerasus

科名	薔薇科Rosaceae	屬名	李屬
別名	鶯桃、英桃		
原產地	中國。		
土壤	喜肥沃、疏鬆及排水良好的中性土壤。		

形態特徵

落葉小喬木，株高2~6m。葉片卵形或長圓狀卵形，先端漸尖或尾狀漸尖，基部圓形，邊緣有尖銳重鋸齒。花序繖房狀或近繖形，有花3~6朵，先葉開放，花瓣白色。核果。

▲核果。

應用

花色潔白，果實紅豔，觀賞性極佳，園林中常植於路邊、牆垣邊或一隅觀賞；果實成熟後可供食用，也可用於釀酒。

藥用

枝、葉、根、花可入藥。

花期						果期					
1	2	3	4	5	6	1	2	3	4	5	6
7	8	9	10	11	12	7	8	9	10	11	12

山楂

Crataegus pinnatifida

扦插　嫁接

全日照

15~25℃

喜溼潤/耐旱

科名	薔薇科Rosaceae	屬名	山楂屬
別名	酸梅子		
原產地	韓國、中國、西伯利亞。		
土壤	喜排水良好、溼潤的微酸性沙質土壤。		

形態特徵

落葉小喬木，高3~6m。單葉互生，具托葉，葉寬卵形、長橢圓狀卵形，頂端裂片不裂或3淺裂，先端漸尖或急尖，葉基部心形或近心形，邊緣具齒。繖房花序，多花。花萼筒鐘狀，花瓣白色，邊緣淡紅色。果實橢圓形或長圓形。

▲果熟後可食，也可製成乾果、果脯、果醬。

應用

秋季果實纍纍，色澤豔麗，可製作盆景用於居室欣賞；園林中可於路邊或建築物旁栽培觀賞。

藥用

乾果可入藥，具有消積化滯，健胃舒氣的功效。

花期	1	2	3	4	5	6
	7	8	9	10	11	12

果期	1	2	3	4	5	6
	7	8	9	10	11	12

觀果植物　被子植物

火刺木

Pyracantha fortuneana

播種　扦插　高壓　全日照　20~30°C　喜溼潤/耐旱

科名	薔薇科Rosaceae	屬名	火刺木屬
別名	火把果、救軍糧、火棘木		
原產地	中國、台灣。		
土壤	喜排水良好、酸鹼適中的肥沃土壤。		

形態特徵

常綠灌木或小喬木。單葉互生，倒卵形或倒卵狀長圓形，先端鈍圓或微凹，有時具短尖頭，基部楔形，邊緣有鈍鋸齒。複繖房花序，花白色。梨果近球形，紅色。

應用

火刺木枝葉繁茂，花白如雪，果實纍纍，觀賞性極佳。盆栽可置於陽台、窗台等處觀賞，也是製作盆景的優良材料；果成熟後可食。

▲梨果近球形，紅色。

花期					
1	2	3	4	5	6
7	8	9	10	11	12

果期					
1	2	3	4	5	6
7	8	9	10	11	12

狗骨仔

Diplospora dubia

播種　全日照　16~28°C　喜溼潤/耐旱

科名	茜草科Rubiaceae	屬名	狗骨柴屬
別名	三萼木、狗骨柴		
原產地	日本、中國、越南。		
土壤	不擇土壤。		

形態特徵

灌木或喬木，株高3~12m。葉革質，少為厚紙質，卵狀長圓形、長圓形、橢圓形或披針形，頂端短漸尖、驟然漸尖或短尖，尖端常鈍，基部楔形或短尖。花冠白色或黃色。漿果，暗紅色。

應用

果實繁密，紅豔可愛，觀賞效果極佳。盆栽可置於陽台、頂樓及階前美化；適合於公園、綠地路邊、牆垣邊及假山石邊栽培觀賞。

▲漿果，暗紅色。

花期	1	2	3	4	5	6
	7	8	9	10	11	12

果期	1	2	3	4	5	6
	7	8	9	10	11	12

代代

Citrus aurantium 'Daidai'

播種　嫁接　全日照　20~28℃　喜溼潤耐旱

科名	芸香科Rutaceae	屬名	柑橘屬
別名	回青橙、代代酸橙		
原產地	栽培種。		
土壤	喜疏鬆、肥沃、排水良好的微酸性土壤。		

形態特徵

常綠灌木，株高2~5m。葉互生，革質，橢圓形至卵狀橢圓形，邊緣有波狀缺刻。花1朵或幾朵簇生枝頂或葉腋，總狀花序，花白色，具濃香。果實扁圓形，橙紅色。

應用

盆栽可裝飾陽台、頂樓及客廳；花可薰茶；花、葉、果皮可提煉芳香精油。

藥用

果實、果皮可入藥。

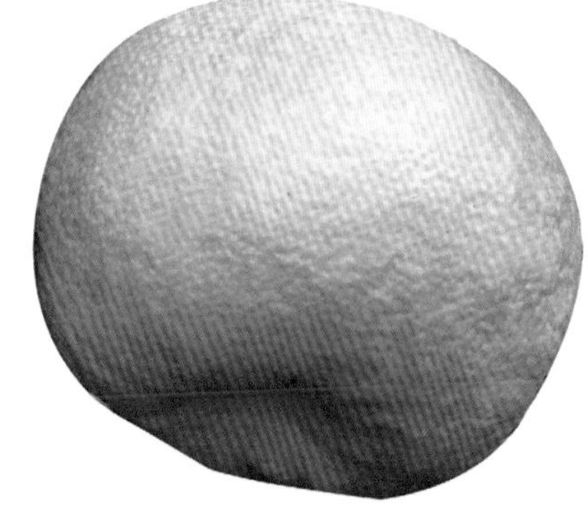

▲果實扁圓形，橙紅色。

花期							果期						
	1	2	3	4	5	6		1	2	3	4	5	6
	7	8	9	10	11	12		7	8	9	10	11	12

佛手

Citrus medica var. *sarcodactylis*

22~30℃

科名	芸香科Rutaceae	屬名	柑橘屬
別名	佛手柑、五指柑		
原產地	中國、東南熱帶地區。		
土壤	喜排水良好、肥沃溼潤的酸性沙質土壤。		

形態特徵

常綠灌木，株高1m左右。單葉互生，長橢圓形，先端圓鈍或微凹，葉緣有波狀鋸齒。花單生或簇生，總狀花序，花有白、紅、紫色。果實長形，橙黃色，上部分裂如掌，呈手指狀，具芳香。

應用

果形奇特，常盆栽觀賞，果皮和葉具有芳香精油，可作為調香原料。

藥用

果和花均可入藥，具有理氣和胃的功效。

花期	1	2	3	4	5	6
	7	8	9	10	11	12

果期	1	2	3	4	5	6
	7	8	9	10	11	12

▲果實長形，呈手指狀。

黃皮果

Clausena lansium

科名	芸香科Rutaceae	屬名	黃皮屬
別名	黃彈、黃旦、黃段		
原產地	中國、台灣。		
土壤	喜疏鬆、排水良好的微酸性土壤。		

形態特徵

喬木，高達12m。奇數羽狀複葉，互生，廣卵形或卵狀長圓形，頂端急尖或短尖，基部寬楔形至圓形，邊緣為淺波狀或具淺圓鋸齒。花白色、芳香。果圓球形、卵形或雞心形，黃色至暗黃色。

應用

果實懸垂於枝間，觀賞性佳，果實成熟後可食用。

藥用

根、葉可入藥。

▲果實呈黃色至暗黃色。

花期	1	2	3	4	5	6	果期	1	2	3	4	5	6
	7	8	9	10	11	12		7	8	9	10	11	12

觀果植物 被子植物

金桔

Fortunella 'Chintan'

嫁接　全日照　22~30℃　喜溼潤

科名	芸香科Rutaceae	屬名	金橘屬
別名	金彈、金橘		
原產地	栽培種。		
土壤	喜疏鬆、肥沃的微酸性土壤。		

形態特徵

常綠灌木。葉厚，濃綠，先端鈍或稍尖，基部鈍圓。花白色。果近圓球形或闊卵形，果皮較厚，果皮、果肉味甜。

應用

果實呈金黃色，為優良的觀果花卉，多盆栽置於臥室、客廳、陽台觀賞。

▲果近圓球形或闊卵形。

花期	1	2	3	4	5	6
	7	8	9	10	11	12

果期	1	2	3	4	5	6
	7	8	9	10	11	12

神祕果

Synsepalum dulcificum

播種　高壓　全日照　22~32℃　喜溼潤

科名	山欖科Sapotaceae	屬名	神祕果屬
別名	奇蹟果		
原產地	西非。		
土壤	喜肥沃、排水良好的微酸性沙質土壤。		

形態特徵

常綠灌木，樹高可達2~5m。葉倒披針形或倒卵形，多數叢生枝端或主幹互生，葉脈明顯，側脈互生。花開葉腋，花乳白或淡黃色，有淡香。漿果，成熟後呈鮮紅色。

應用

株形美觀，果實紅豔，觀賞性佳。盆栽可置於陽台、客廳或階前觀賞；果成熟後可食用，能改變味覺。

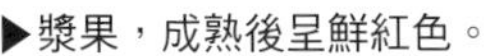
▶漿果，成熟後呈鮮紅色。

朝天椒

Capsicum annuum var. *conoides*

播種 全日照 15~30℃ 喜溼潤

科名	茄科Solanaceae	屬名	辣椒屬
別名	觀賞辣椒、彩色椒		
原產地	美洲熱帶。		
土壤	疏鬆、肥沃的微中性或酸性土壤。		

形態特徵

多年生草本，常作1年生栽培，株高30~60cm。莖半木質化，分支多。單葉互生，卵狀或卵狀披針形。花單生葉腋或簇生枝梢頂端，花小、白色。漿果直立，指形，成熟時有白、黃、橙、紅、紫等色。

應用

果實色澤豐富，為著名的觀果植物，常盆栽，適合窗台、書桌、桌上擺放觀賞，也可用於花圃、牆垣邊栽培觀賞。

▶漿果直立。

花期	1	2	3	4	5	6	7	8	9	10	11	12
果期	1	2	3	4	5	6	7	8	9	10	11	12

枸杞

Lycium chinense

播種　扦插　全日照　16~30℃　喜溼潤/耐旱

科名	茄科Solanaceae	屬名	枸杞屬
別名	山枸杞、枸杞菜、狗奶子		
土壤	不擇土壤。		

形態特徵

分枝灌木，株高0.5~1m。葉紙質，單葉互生或2~4枚簇生，卵形、卵狀菱形、長橢圓形、卵狀披針形，頂端急尖，基部楔形。花冠淡紫色。漿果紅色，卵狀。

應用

果實豔麗，適合植於公園、綠地、庭院欣賞；嫩枝葉可作蔬菜，果實成熟後可直接食用或製成乾果食用。

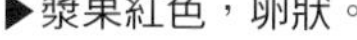

▶漿果紅色，卵狀。

紫花茄

Solanum indicum

播種　全日照　18~28℃　喜溼潤/耐旱

科名	茄科Solanaceae	屬名	茄屬
別名	刺天茄、雞刺子		
原產地	中國、台灣；印度經中南半島至菲律賓也有。		
土壤	不擇土壤。		

形態特徵

灌木，株高0.5~2m。葉片卵形，頂端鈍，基部心形，截平或不對稱，邊緣3~7深裂或淺圓裂，裂片全緣或作波狀淺裂。蠍尾狀聚繖花序腋生，小花藍紫色，有時白色。漿果，熟時橙紅色。

應用

果實小巧，精緻可愛，適合植於牆垣邊或假山石邊觀賞。

藥用

根可入藥，具有散瘀消腫、消炎止痛的功效。

▲漿果，熟時橙紅色。

花期	1	2	3	4	5	6	7	8	9	10	11	12
果期	1	2	3	4	5	6	7	8	9	10	11	12

五指茄

Solanum mammosum

播種　全日照　22~30°C　喜溼潤/耐旱

科名	茄科Solanaceae	屬名	茄屬
別名	乳茄、牛頭茄、五代同堂、黃金果		
原產地	美洲。		
土壤	不擇土壤。		

形態特徵

小灌木，株高1m左右，通常作一年生栽培。葉闊卵形，葉緣不規則掌狀鈍裂。蠍尾狀花序腋外生，花冠鐘形，紫色。漿果倒梨狀，成熟後金黃色或橙色，基部具有4~6個乳頭狀突起物。

應用

果形極為奇特，色澤金黃豔麗，為常見觀果植物，多用果枝裝飾客廳、臥室等處，也可用果實裝飾花籃。

藥用

果實含龍葵鹼，可入藥。

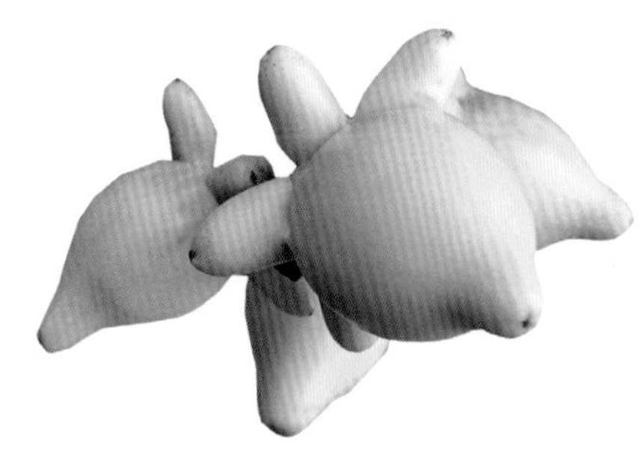

▲漿果倒梨狀，成熟後呈金黃色或橙色。

花期	1	2	3	4	5	6
	7	8	9	10	11	12

果期	1	2	3	4	5	6
	7	8	9	10	11	12

南美香瓜茄

Solanum muricatum

播種　全日照　18~25℃　喜溼潤

科名	茄科Solanaceae	屬名	茄屬
別名	人參果		
原產地	南美洲。		
土壤	喜肥沃、疏鬆及排水良好的土壤。		

形態特徵

一年生草本，株高可達1m。葉互生，單出或3裂片或3出葉。聚繖花序，花冠白色至淺紫色。果為漿果，卵形，橢圓形或圓球形。

應用

果大美觀，多盆栽觀賞，可置於窗台及陽台栽培觀賞；果實具水果香味，可鮮食。

▲果實呈卵形，橢圓形或圓球形。

花期	1	2	3	4	5	6
	7	8	9	10	11	12

果期	1	2	3	4	5	6
	7	8	9	10	11	12

玉珊瑚

Solanum pseudo-capsicum

播種　全日照　15~28℃　喜溼潤/耐旱

科名	茄科Solanaceae	屬名	茄屬
別名	珊瑚豆、冬珊瑚、珊瑚櫻、秋珊瑚、瑪瑙珠		
原產地	南美洲。		
土壤	喜肥沃、疏鬆、排水良好的土壤。		

形態特徵

常綠灌木，株高可達1m。葉互生，葉披針狀橢圓形，先端尖或鈍，基部狹楔形下延成葉柄，邊緣全緣或波狀。花單生或數朵簇生，花小，白色。果圓形，成熟時紅色或橙紅色。

應用

果實紅豔可愛，為常見栽培的觀果植物。盆栽可用於窗台及陽台美化，也適合於庭院的花圃及路邊栽培觀賞。

▲果圓形，成熟時紅色或橙紅色。

花期	1	2	3	4	5	6
	7	8	9	10	11	12

果期	1	2	3	4	5	6
	7	8	9	10	11	12

觀果植物　被子植物

白蛋茄

Solanum texanum

播種　全日照　16~28℃　喜溼潤

科名	茄科Solanaceae	屬名	茄屬
別名	巴西金銀茄		
原產地	巴西。		
土壤	喜疏鬆、排水良好的土壤。		

形態特徵

一年生草本，株高約30cm。葉互生，長橢圓形，先端尖，基部圓鈍，全緣或稍波狀，綠色。花單生，淡紫色。果白色。

應用

果實潔白雅致，觀賞性佳，盆栽可置於陽台、窗台觀賞，也是庭院綠化的優良材料。

▲果白色。

花期	1	2	3	4	5	6
	7	8	9	10	11	12

果期	1	2	3	4	5	6
	7	8	9	10	11	12

大花茄

Solanum wrightii

科名	茄科Solanaceae	屬名	茄屬
別名	大花樹茄、南美樹茄		
原產地	巴西。		
土壤	不擇土壤。		

形態特徵

常綠大灌木或小喬木，株高3~5m。葉互生，羽狀裂葉，葉背中肋具棘刺。花腋生，花冠粉紅色。果實為漿果。

應用

株形美觀，花色淡雅，果可供觀賞，為茄科植物中少見的高大植物，適合單植於公園、社區、庭院及水岸邊欣賞。

▲果實為球形漿果。

花期						果期					
1	2	3	4	5	6	1	2	3	4	5	6
7	8	9	10	11	12	7	8	9	10	11	12

觀果植物 被子植物

蘋婆

Sterculia nobilis

科名	梧桐科Sterculiaceae	屬名	蘋婆屬
別名	鳳眼果		
原產地	中國、中南半島。		
土壤	不擇土壤。		

形態特徵

常綠喬木，株高達20m。單葉互生，倒卵狀橢圓形，全緣，薄革質，無毛。花雜性，無花冠；花萼微帶紅暈，腋生圓錐花序、下垂。蓇葖果。

應用

株形優美，果大色豔，極具觀賞價值，園林中常植於路邊、建築物旁觀賞，也可作庭蔭樹或行道樹；果可供食用。

▲果實成熟後開裂，內藏2~4粒種子。

花期	1	2	3	4	5	6
	7	8	9	10	11	12

果期	1	2	3	4	5	6
	7	8	9	10	11	12

紫珠

Callicarpa bodinieri

科名	馬鞭草科Verbenaceae	屬名	紫珠屬
別名	白棠子樹		
原產地	中國、日本。		
土壤	喜深厚肥沃的土壤。		

形態特徵

落葉灌木，株高1~2m。單葉對生，葉片倒卵形至橢圓形，邊緣有細鋸齒。聚繖花序腋生，花多數，花蕾紫色或粉紅色，花朵有白、粉紅、淡紫等色。果實球形似珍珠、紫色。

應用

果實小巧可愛，色澤豔麗，為優良的觀果植物，適合植於公園、綠地、社區及庭院美化觀賞，叢植、遍植效果均佳。

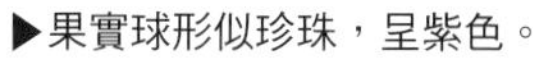

▶果實球形似珍珠，呈紫色。

花期	1	2	3	4	5	6	果期	1	2	3	4	5	6
	7	8	9	10	11	12		7	8	9	10	11	12

紅紫珠

Callicarpa rubella

科名	馬鞭草科Verbenaceae	屬名	紫珠屬
別名	對節樹、小紅米果		
原產地	中國、東南亞。		
土壤	不擇土壤。		

形態特徵

灌木，株高約2m。葉片倒卵形或倒卵狀橢圓形，頂端尾尖或漸尖，基部心形，有時偏斜，邊緣具細鋸齒或不整齊的粗齒。花紫紅色、黃綠色或白色。果紫紅色。

應用

果實繁密，色澤豔麗，適合公園、綠地牆垣邊、草地邊、假山石邊及庭廊邊種植觀賞。

藥用

葉入藥，可止血、抑菌等。

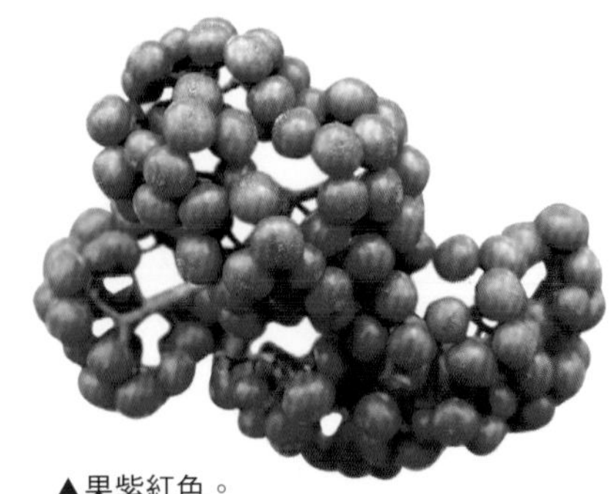

▲果紫紅色。

花期						果期					
1	2	3	4	5	6	1	2	3	4	5	6
7	8	9	10	11	12	7	8	9	10	11	12

杜虹花

Callicarpa formosana

科名	馬鞭草科Verbenaceae	屬名	紫珠屬
別名	粗糠仔、老蟹眼、台灣紫珠		
原產地	中國、菲律賓、台灣。		
土壤	喜排水良好、疏鬆肥沃的土壤。		

形態特徵

落葉灌木，株高1~3m。葉對生，葉片紙質，卵狀橢圓形或橢圓形，先端漸尖，基部鈍或圓形，邊緣有細鋸齒。聚繖花序腋生，花冠淡紫色。果實近球形，紫色。

應用

多盆栽置於客廳、臥室、陽台及窗台觀賞。

藥用

葉入藥，具有化瘀消腫、止血鎮痛的作用。

▲果實近球形，紫色。

黃金露花

Duranta repens 'Dwarf Yellow'

播種　扦插　全日照　20~28℃　喜溼潤/耐旱

科名	馬鞭草科Verbenaceae	屬名	假連翹屬
別名	金葉假連翹 、黃金葉		
原產地	墨西哥至巴西。		
土壤	喜疏鬆肥沃的土壤。		

形態特徵

常綠灌木，株高20~60cm。葉對生，葉長卵圓形、卵橢圓形或倒卵形，中部以上有粗齒。總狀花序呈圓錐狀，花藍色或淡藍紫色。漿果橙黃色，有光澤。

應用

花淡雅，果實金黃可愛，適合公園、綠地或風景區叢植或作綠籬，也是優良的地被植物。

▶漿果橙黃色，有光澤。

花期							果期						
	1	2	3	4	5	6		1	2	3	4	5	6
	7	8	9	10	11	12		7	8	9	10	11	12

觀果植物　被子植物

葡萄

Vitis vinifera

扦插　嫁接　全日照　18~28℃　喜溼潤

科名	葡萄科Vitaceae	屬名	葡萄屬
別名	菩提子、山葫蘆		
原產地	亞洲西部。		
土壤	喜土層深厚、排水良好的沙質土壤。		

形態特徵

木質落葉藤本，具捲鬚，每隔2節間斷與葉對生。葉卵圓，3~5淺裂或中裂，葉緣具鋸齒。圓錐花序密集或疏散，多花，花萼淺碟形，花瓣5枚。果實球形或橢圓形，成熟後紫色或黃色。

應用

盆栽可置於陽台、客廳或臥室等空間欣賞，也適合用於庭院的大型棚架、門廊等綠化。

▲葉緣具鋸齒。

花期	1	2	3	4	5	6
	7	8	9	10	11	12

果期	1	2	3	4	5	6
	7	8	9	10	11	12

觀果植物　被子植物

中名索引

六劃

七劃

八劃

九劃

十劃

十一劃

十二劃

十三劃

十四劃

十五劃

十六劃

十七劃

十八劃

參考文獻

1.中國科學院中國植物誌編輯委員會，《中國植物誌》，科學出版社，1979~2004年。

2.薛聰賢編著，《景觀植物實用圖鑑》，百通集團，北京科學技術出版社，2002年。

圖片提供（按筆畫）

古訓銘：P74下圖，P132下圖

呂碧鳳：P20上圖，P24下圖，P26，P28，P36，P41，P43上圖

林文智：P297下圖，P304上圖，P311，P321下圖，P325下圖，P328下圖，P341下圖

莊安爵：P45下圖，P52下圖，P81下圖，P125下圖，P168下圖，P179下圖，P181下圖，P197下圖，P317，P318下圖，P319下圖，P322下圖，P323上圖，P326上圖，P329下圖，P330下圖，P339，P340

章錦瑜：P64下圖，P148下圖，P151上圖

蔡景株：P44下圖，P46下圖，P53上圖，P246上圖，P269上圖，P286，P294上圖，P295下圖，P299下圖，P352下圖

學名索引

D

E

台灣自然圖鑑 022

觀葉觀果植物圖鑑

作者	徐曄春
監修	蔡景株
主編	徐惠雅
編輯	許裕苗
校對	蔡景株、許裕苗、黃幸代
美術編輯	許裕偉
創辦人	陳銘民
發行所	晨星出版有限公司 台中市407工業區30路1號 TEL：04-23595820　FAX：04-23550581 E-mail：service@morningstar.com.tw http：//www.morningstar.com.tw 行政院新聞局局版台業字第2500號
法律顧問	甘龍強律師
初版	西元2012年7月10日 西元2014年8月10日（二刷）
郵政劃撥	22326758（晨星出版有限公司）
讀者服務	（04）23595819 # 230
印刷	上好印刷股份有限公司

定價 590 元

ISBN　978-986-177-603-3

國家圖書館出版品預行編目資料

觀葉觀果植物圖鑑／徐曄春著
-- 初版. -- 台中市：晨星, 2012.7
面；　公分.——（台灣自然圖鑑；22）
ISBN 978-986-177-603-3(平裝)
1.觀葉植物 2.植物圖鑑 3.台灣

435.47025　　101009050

◆讀者回函卡◆

以下資料或許太過繁瑣，但卻是我們瞭解您的唯一途徑，
誠摯期待能與您在下一本書中相逢，讓我們一起從閱讀中尋找樂趣吧！

姓名：____________ 性別：□男 □女 生日： / /

教育程度：__________

職業：□學生 □教師 □內勤職員 □家庭主婦
□企業主管 □服務業 □製造業 □醫藥護理
□軍警 □資訊業 □銷售業務 □其他__________

E-mail：____________ 聯絡電話：____________

聯絡地址：□□□____________

購買書名：觀葉觀果植物圖鑑

・誘使您購買此書的原因?

□於______書店尋找新知時 □看______報時瞄到 □受海報或文案吸引
□翻閱______雜誌時 □親朋好友拍胸脯保證 □______電台DJ熱情推薦
□電子報的新書資訊看起來很有趣 □對晨星自然FB的分享有興趣 □瀏覽晨星網站時看到的
□其他編輯萬萬想不到的過程：

・您覺得本書在哪些規劃上需要再加強或是改進呢?

□封面設計______ □尺寸規格______ □版面編排______ □字體大小______
□內容______ □文／譯筆______ □其他______

・下列出版品中，哪個題材最能引起您的興趣呢?

台灣自然圖鑑：□植物 □哺乳類 □魚類 □鳥類 □蝴蝶 □昆蟲 □爬蟲類 □其他
飼養&觀察：□植物 □哺乳類 □魚類 □鳥類 □蝴蝶 □昆蟲 □爬蟲類 □其他
台灣地圖：□自然 □昆蟲 □兩棲動物 □地形 □人文 □其他
自然公園：□自然文學 □環境關懷 □環境議題 □自然觀點 □人物傳記 □其他
生態館：□植物生態 □動物生態 □生態攝影 □地形景觀 □其他
台灣原住民文學：□史地 □傳記 □宗教祭典 □文化 □傳說 □音樂 □其他
自然生活家：□自然風DIY手作 □登山 □園藝 □觀星 □其他

・除上述系列外，您還希望編輯們規畫哪些和自然人文題材有關的書籍呢?__________

・您最常到哪個通路購買書籍呢? □博客來 □誠品書店 □金石堂 □其他__________

很高興您選擇了晨星出版社，陪伴您一同享受閱讀及學習的樂趣。只要您將此回函郵寄回本社，或傳眞至（04）2355-0581，我們將不定期提供最新的出版及優惠訊息給您，謝謝！

若行有餘力，也請不吝賜教，好讓我們可以出版更多更好的書！

・其他意見：____________

晨星出版有限公司 編輯群，感謝您！

請填妥對折裝訂，直接投郵即可，免貼郵票

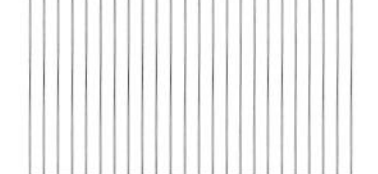

廣告回函
台灣中區郵政管理局
登記證第267號
免貼郵票

407
台中市工業區30路1號
晨星出版有限公司

請沿虛線摺下裝訂，謝謝！

搜尋 / 晨星自然

填問卷，送好書

凡填妥問卷後寄回，只要附上40元回郵，我們即贈送您自然公園系列《窗口邊的生態樂園》一書。

(若贈品送完，將以其他書籍代替，恕不另行通知。)

天文、動物、植物、登山、生態攝影、自然風DIY……各種最新最夯的自然大小事，盡在「晨星自然」臉書，快點加入吧！

晨星出版有限公司 編輯群，感謝您！